上海科技馆·天文探秘丛书

Astronomical Q&A

天问 *I*

《天问》编写组　编著

上海科技教育出版社

《天问》编委会

科学顾问：叶叔华

主　　任：王莲华　侯金良

主　　编：顾庆生

副 主 编：林　清　忻　歌

编写人员：鲍其洞　陈　颖　杜芝茂　施　韡　汤海明
　　　　　王　晨　姚　嵩　张　瑶　周　元　朱达一　左文文

科学指导：赵君亮　陈　力　邵正义　李兆聿

绘　　图：黄　桅　高尔强　郭灿然　孙　楠

支持单位：中国科学院上海天文台

特别鸣谢：上海市浦东新区科学技术委员会

序 一

上海是国际大都市，理应拥有一座世界一流的天文馆，我们为这个梦想期盼了四十多年。在上海市政府的大力支持下，上海科技馆承担了上海天文馆的建设任务。当前，上海天文馆的建筑工程即将开工，展示工程也在同步推进，又一座高水准的科普场馆即将出现在上海。我甚为欣慰。

更为欣喜的是，上海科技馆在天文馆的工程建设期间，就已开始策划系列科普教育活动，你眼前见到的这本精美图书，就是他们的第一批成果。天上的星星都是怎么命名的？星星有颜色吗？月球上真有嫦娥吗？冥王星上的那颗"心"是什么？宇宙中还有其他的生命吗？……一个个有趣的问题，想必都将吸引着你追问答案。

《天问Ⅰ》以中小学生为主要阅读对象，收集他们最为好奇的天文问题，给出精炼通俗的解答，同时配合精彩的手绘插画和精美的天文图片，帮助他们在愉快的阅读体验中思考神奇的宇宙之谜。

相信你会和我一样喜爱这本生动有趣的天文图书，喜爱即将建成的上海天文馆。

叶叔华

中国科学院院士，上海天文台原台长

2016 年 4 月

序 二

在历经了多少日升月落、冬去春来之后，上海天文馆——这座社会各界期待已久的科普殿堂——最终选址浦东临港、顺利落户滴水湖畔，建成后将成为世界上最大的天文馆之一，成为上海市民科学普及和文化休闲生活的又一重要场所。

回望上海天文馆落地的历程，激动而感怀。从上世纪 70 年代国家领导人的批示关怀，到叶叔华院士等一大批科学家的竭力推动，它连接着上海的过去和未来，承载着整座城市的期许和情怀。

浩瀚的宇宙最能引起人们的幻想与好奇。康德曾说，我们头顶浩瀚灿烂的星空，我对它的思考越是深沉和持久，它在我心中唤起的赞叹和敬畏就越是历久弥新。在上海天文馆动工建设之际，这座"天河圣殿"受到了公众的广泛关注。天文馆指挥部以线上线下的方式征集了百姓关心的两千多个天文问题：天文学是研究什么的？怎样知道宇宙的过去？为何会出现多彩的极光？外星人来过地球吗？……天虽高，但可问。宇宙孕育了人类这样充满智慧的生命，善于思考的人类则对神秘的宇宙有着无穷的疑问。从古至今，人类为寻求答案"上下求索"，正是这种不断探索的精神，推动着人类不断走向未来。

缘此，上海科技馆组织编写了"上海科技馆·天文探秘丛书"之《天问Ⅰ》，未来还将有更多的分册推出。这是天文之问，也是对上海天文馆的畅想和期待。未来，这些问题还将体现在天文馆展品展项的设计之中，借以抒发我们对灿烂星空的赞美与敬畏。

谨以本书作为开工在即的上海天文馆献给广大青少年朋友的一份特别的礼物。在这里，要感谢社会各界的深切关怀，感谢众多天文学家的倾心付出，感谢上海天文台的鼎力支持，也要感谢上海科技教育出版社的热忱帮助。

　　我们深信：未来的上海天文馆，必将充分体现创新、协调、绿色、开放、共享的发展理念，不仅成为市民亲近天文、走进科学的文化圣地，还将为建设具有全球影响力的科创中心谱写新的篇章！

上海科技馆党委书记

2016 年 3 月

目录

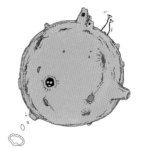

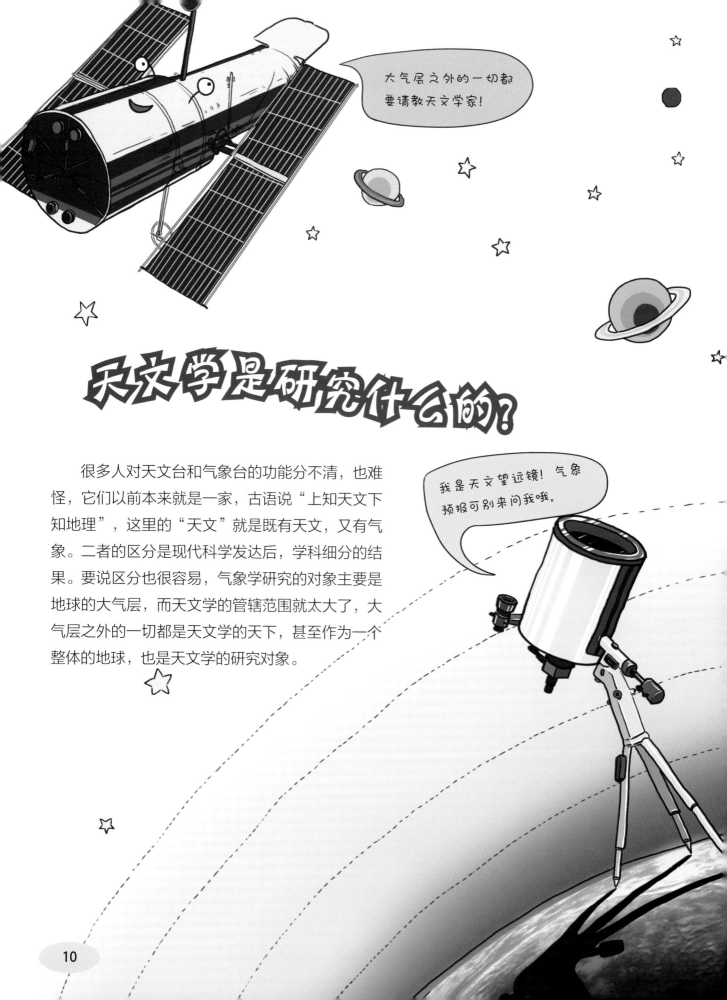

天文学是研究什么的？

很多人对天文台和气象台的功能分不清，也难怪，它们以前本来就是一家，古语说"上知天文下知地理"，这里的"天文"就是既有天文，又有气象。二者的区分是现代科学发达后，学科细分的结果。要说区分也很容易，气象学研究的对象主要是地球的大气层，而天文学的管辖范围就太大了，大气层之外的一切都是天文学的天下，甚至作为一个整体的地球，也是天文学的研究对象。

天文学是研究天体的科学，它主要研究天体的运动、相互作用、物理状况、化学组成和它们的形成与演化等等。宇宙中的天体和环境就是天文学家的实验室，宇宙中许多极端的温度、压强和密度都是地面实验室无法实现的，因此就能用于很多特殊的物理过程研究。

天文学家对天体的了解主要源自它们发出的辐射，也就是广义的"光"，现代天文学的一个重要特点就是观测和分析天体在各个波段（可见光、红外、紫外、射电、x 射线、γ 射线等）的辐射，从而推测出该天体的温度、物质组成、运动特征等信息，并与各种理论模型作比较，推动天文学理论的发展。

天文学集中了人类认识自然的精华，而且对其他各个学科和技术的发展也具有巨大的推动作用，是人们认识自然、改造自然的重要学科。

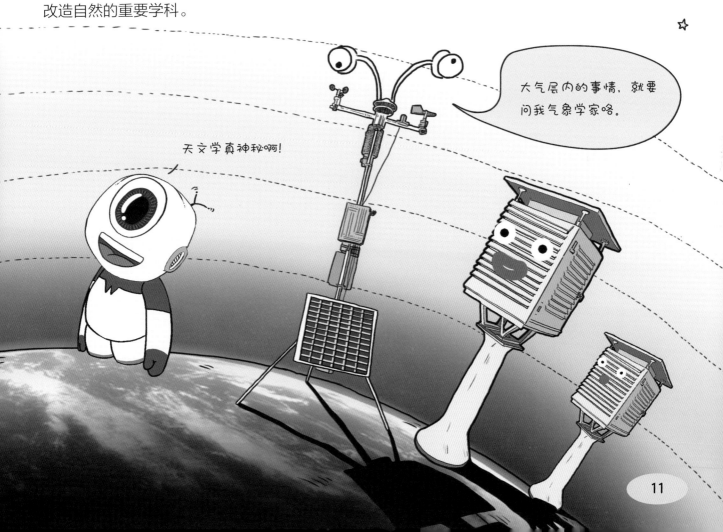

天文学家是怎么工作的?

你想象中的天文学家是怎么工作的? 他们是不是经常深更半夜地用巨大的望远镜做观测?

20世纪初的天文学家的确是这样的。他们不仅要手动操控望远镜,还要爬上高高的观测座椅,眼睛盯着目镜,常常要保持一个姿势长达一两个小时,那是为了在长时间的曝光中确保望远镜能够精确跟踪一个星体,真是费劲呀。

但是,如果你现在还这么认为,那就 OUT 啦! 如今的天文学家再也不用盯着望远镜看了。现在的望远镜都是全自动工作,拍照的工具也变成了可以快速成像的数码照相机,天文学家只须坐在电脑面前,输入观测目标的坐标位置和曝光参数,望远镜就会自动转向那个天体,按指令完成拍照工作。天文学家可以立即查看图像,也可以把图像储存下来,留待日后分析。更夸张的是,有些天文工作者甚至坐在市区的办公室里就可以远程操控望远镜进行工作,是不是很酷?

上面说的还是实测天文学家的工作。实际上,还有许多天文学家根本就不做观测,他们的任务就是用各种数学和物理理论对别人提供的观测数据进行分析,从而研究各种宇宙之谜。然而,别看他们不观测,做的却是最高端的研究工作。

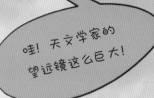

哇！天文学家的望远镜这么巨大！

"金庸星"的故事

　　位于河北省兴隆县的国家天文台承担的任务之一是寻找小行星，这是一项艰苦的工作，只要天气晴好，天文台的工作人员每天都会进行观测；如果天气不好，他们就要耐心等待。漫漫长夜如何消磨？多亏了一本又一本金庸的武侠小说相伴。为了感谢金庸先生，他们把1998年2月6日发现的第10930号小行星命名为"金庸星"。

天上都有哪些星座？

时尚的年轻人常常爱问："你是什么星座的？"可是仰望星空时，你是否知道自己的星座在哪里？为什么叫这个名字？其实，狮子座、金牛座、天蝎座……这些耳熟能详的星座并不是实在的天体，它们就像地图上的徐汇区、黄浦区，只是人们为了辨识星星而将星空分成的一个个区域。

这种分区认星的做法自古有之，但是世界各地的古人对星空的划分方法并不一样，名字更是五花八门，这种混乱给现代天文学研究带来了很大的麻烦。在1930年的一次国际会议上，天文学家终于霸道了一回，他们决定以古巴比伦的星座划分方法为基础，统一把全天的星空划分为88个星座，并确定了它们的名字和边界，使之成为全世界通用的一套系统。星座的命名大部分来自古已有之的希腊神话，少量南天的星座使用了动植物和科学仪器的名称。

英仙座

双鱼座

白羊座

金牛座

猎户座

天兔座

中国的星官

　　中国古代也有星座，当时称为星官。顾名思义，好像是把地上的官僚体系都搬到了天上。例如，在北天极的附近是代表皇家所在的"三垣"（紫微垣、太微垣、天市垣），其外围按四个方向分为"四象"（青龙、白虎、朱雀、玄武），每个"象"又再分为七个"宿"，因此共有"二十八宿"。在其中分布着200多个星官，也就是中国特色的小星座，如三公、五帝座、天大将军等等。

哇！原来天上不止有12个星座呀！

　　现在，你知道了吧，天上的星座总共有88个，可别只惦记着十二星座哦。

欧洲南方天文台 VLT 望远镜基地拍摄的全天星空全景图，图中那条弯曲的光带就是银河，中间那个建筑物上方两个模糊的云团实际上是银河系的两个近邻 ——大麦哲伦星云和小麦哲伦星云，左边那个亮斑是月亮。

2000⁺亿

天上有多少星星？

"一闪一闪亮晶晶，满天都是小星星"，小朋友们大概都听过这首儿歌，也都知道天上有很多很多的星星，但是天上到底有多少星星呢？

只靠我们的眼睛来观察的话，如果能够找到一个天气晴好，而且没有任何灯光的地方，比如大海、沙漠或是青藏高原，在无月的夜晚，眼力好的人应该可以看到 3000 多颗星星，但是我们在任何时间看到的天空其实至多只有天球的一半，所以如果我们能够看遍整个天空，那么总共可以看到大约 7000 颗星星。

如果我们拥有望远镜，那么"看"到的星星就会多得多。比如在晴朗的夜空中，我们会看到一条名为银河

这些只是人类肉眼能看到的星星，我能看到的星星那才真叫数不清了。

数不清了吧。你其实还只看到整个天球的一半，3000多颗星星，如果加上另一半，估计约有7000颗呢！

的光带，这条光带在望远镜中就会化身为无数的小星星，它们其实都是一个名为银河系的恒星大集团的成员，其中的恒星总数估计超过2000亿颗！

这个数字想必已经让你目瞪口呆了吧？但是还没完，天上还有好多好多类似银河系这样的恒星集团，称为星系，只不过距离太过遥远，所以绝大多数星系用肉眼都是看不见的。每一个星系同样都有千亿颗恒星。据科学家粗略估计，天上的星系总数竟然超过2000亿个！

这样的话，天空中共有多少星星，你自己也可以算出答案了吧？

城市人为何见不到大量星星？

很多人会问，我们在城市里，好像看不到几颗星星啊，这是为什么呢？原来，星星最怕灯光了，地面灯光越多、越亮，天上能够看到的星星就越少，这种现象叫做"光污染"。大城市里的光污染特别严重，看到的星星就特别少。想欣赏满天繁星的景观吗？没机会远足的话，到天文馆来吧。

怎样利用北斗七星找方向?

北斗七星可能算得上是最常被人提起的星星了。大家可能都听说过利用北斗七星可以寻找北极星,从而指示方向,但是你知道北斗七星在哪里吗?

北斗七星是北方天空中十分好认的目标之一,七颗较亮的恒星排列成一个勺子形态。每年的春天是观察北斗七星的最佳时机,晚上 8 点左右它们会悬挂在正北方的高空中。一旦认识了北斗七星,你将其"勺口"的天璇和天枢这两颗星的连线延长 5 倍,就能轻松地找到北极星。北极星不是特别亮,但是它的周围没有其他亮星,显得孤零零的,所以也很好认,只要尝试

几次,很快就能掌握这个辨识方向的利器了。(需要提醒的是:北极星并非真正的北天极,但是已经十分接近了。)

在中国古代,北斗七星拥有很高的地位,被认为是皇帝巡视四方的马车。古人还发现,在不同季节的傍晚,这把"大勺子"的"勺把"的指向有着明显变化。《鹖冠子·环流》中提到:"斗柄东指,天下皆春;斗柄南指,天下皆夏;斗柄西指,天下皆秋;斗柄北指,天下皆冬",描述的大致就是北斗七星在各个季节中晚上 8 点左右的景象。

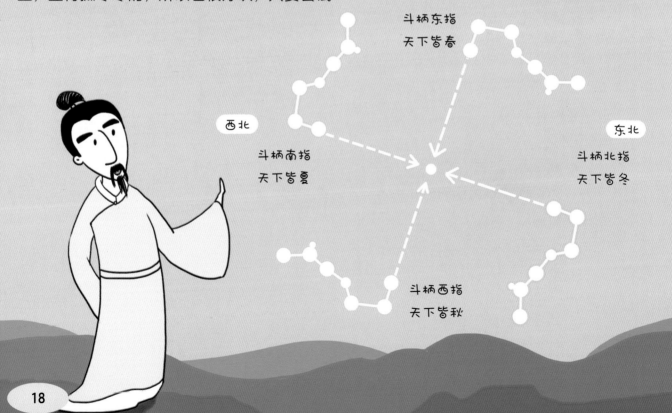

斗柄东指
天下皆春

西北

斗柄南指
天下皆夏

东北

斗柄北指
天下皆冬

斗柄西指
天下皆秋

我在大城市里，经常都看不见北斗七星，更别说北极星了。

都是光污染惹的祸，都找不到北了。

如何找到北极星？一旦认识了北斗七星，你将它"勺〇"的天璇和天枢这两颗星的连线延长5倍，就能轻松地找到北极星。

天枢

天璇

天权

玉衡

天玑

开阳

摇光

大熊座和小熊座

在西方星座体系中，北斗七星是大熊座的一部分，北极星则是小熊座的一颗星。传说大熊和小熊曾经是人间母子，天后赫拉因为嫉妒天神宙斯和人间美女卡利斯托偷偷相好，就把卡利斯托变成了大熊，宙斯无奈之下只好将她的孩子也变成了小熊，并将它们一起升上了天界。天空中的大熊座每天都会绕着北极星转一圈，就像是妈妈时刻保护着自己的孩子。

怎样给星星起名字？

Hi！我叫小WHY。你叫什么名字呀？

天上的星星都有名字吗？当然有的，不然的话我们怎么称呼它们呢？

对于一些明亮的星星，它们的名字古已有之，比如太阳、月亮，恒星中的天狼星、织女星，行星中的水星、金星、木星等。更多肉眼可见的恒星则是根据它们所在的星座（中国古代叫星官）来命名，中国星官体系中用数字来排序，而西方星座体系则用希腊字母来排序，例如中国的星名天津四、参宿四、大陵五等，对应的西方星名分别为天鹅座 α、猎户座 α、英仙座 β 等。

哦，又发现一个星云，这是第31个了。

随着观测技术的发展，人们了解的天体类型和数量越来越多，大量天体的命名通常采用它们所在星表中编号的形式。比如很多星云、星团的名称来自著名的《梅西叶星云星团表》（代号 M，如 M1、M13 等），很多星系的名称来自《星云星团新总表》（代号 NGC，如 NGC1900、NGC6543 等），大量暗弱的恒星也是使用星表中的编号来命名，例如 HD13576 等。

查尔斯·梅西叶

梅西叶星云星团

还有许多特别的天体，比如小行星、彗星、超新星、系外行星等，都有各自不同的命名规则，这里无法一一列举，但是无论哪个天体，其合法的命名都必须得到国际天文学联合会（IAU）的认可。

天津四 天鹅座 α

参宿四 猎户座 α

大陵五 英仙座 β

... ...

小行星的命名

较早发现的小行星通常直接用神祇来命名，比如智神星、爱神星等，后来发现的小行星太多了，就开始使用现代命名法。一颗小行星被发现后，先是得到一个以发现时间为序的临时代号，多次观测获得证实后即分配一个永久编号。发现者还有权提出建议名称，获得国际小行星中心机构认可后即可正式命名，比如2197号小行星又名"上海星"，3241号小行星又名"叶叔华星"。

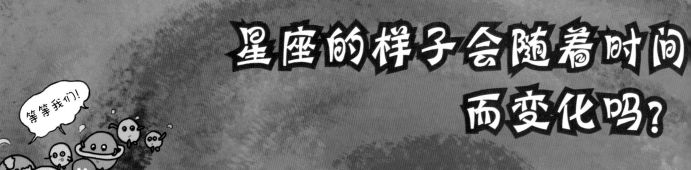

星座的样子会随着时间而变化吗？

等等我们！

生命在于运动，为自己定下目标。

银心

太阳带着它的家族绕银心高速奔走。

我们已经知道恒星之间根据想象添加一些连线就成了星座的标志，恒星既然称为"恒"星，是否意味着它们的相对位置永远不变，也就是说星座的样子也永远不变呢？

实际情况并非如此。恒星之"恒"只是相对而言，其实并非静止不动。比如太阳就带领着整个太阳系家族以每秒约220千米的速度绕着银河系中心飞速行进。天上所有的恒星也都在快速移动，只是由于它们太过遥远，短时间内难以察觉它们的运动。

借助精密的测量仪器，天文学家就能发现恒星在天空背景上真的有位移，这种现象叫做恒星的

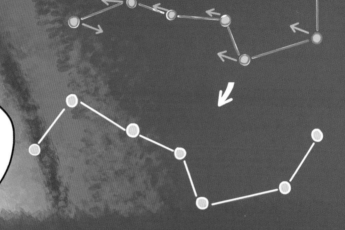

自行。累计几千年甚至上万年后，恒星就会明显偏离原来的位置。由于一个星座之中的各颗恒星与我们的距离各不相同，运动的方向和快慢也不一样，所以星座的形态在长时间以后也就必然会发生巨大的变化。

这里画出了我们熟悉的北斗七星 5 万年后的形象，你还认得它们吗？

移动最快的星

我们都有这样的生活常识：如果两个物体以同样的速度在运动，离我们近的那个看起来会比远的那个快一些。同样道理，离我们较近的恒星自行也就较大。当然，由于每颗恒星固有的运动速度各不相同，自行最大并不等于距离最近。现在已知自行最大的恒星是位于蛇夫座的巴纳德星（而不是最近的比邻星），距离地球约 5.9 光年，自行达到每年 10.3 角秒，换个说法就是月亮视直径的千分之五点五，短时间内仅凭肉眼显然是看不出来的。

星座与运势有关吗？

你是不是也喜欢到网上查查自己的星座和运势？准不准呢？

实际上，星座只是对星空划分区域的方法。现代通用的星座共有 88 个，而平时所称十二星座则是指黄道上的 12 个星座，这一说法来自"占星术"，严格的说法其实应该叫"十二宫"，星座的区域大小是不均匀的，十二宫则是黄道上均匀分布的 12 个区域，借用了相应的星座名称而已。

从科学的角度来看，占星术将星座形象与人的性格、运势等相联系，只是一种臆想，在现代科学发展之后，占星术早已被现代科学取代，所谓星座与人的性格和运势的关系毫无科学依据。有些人之所以会认为"很准"，完全是一种自我暗示的心理学效应，经不起科学的统计检验。

有趣的是，由于地球自转轴进动引起春分点沿黄道西移的影响（岁差），十二星座在黄道上的位置是缓慢移动的，几千年前占星术诞生时使用的星座其实和它们现在的位置早已不再一一对应，有兴趣的朋友可以到天文馆去认识一下真正的星座是什么样子的，再考虑一下，你是选择相信现代科学，还是古老的占星术呢？

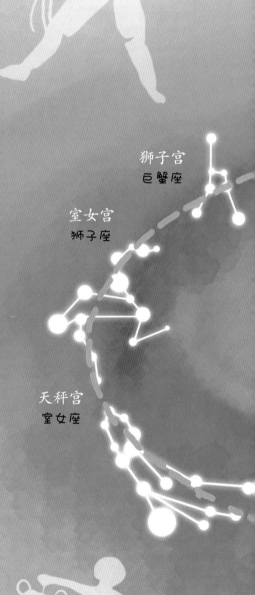

狮子宫
巨蟹座

室女宫
狮子座

天秤宫
室女座

室女座还是处女座?

关心十二星座的人经常会发现同一个星座会有不同的称呼，其实它们的英文名称都是一样的，只是由于占星术和天文学这两个领域采用了不同的译法才出现了不同的名称。比如，天文学所称的室女座、人马座、宝瓶座、天秤座，其占星术名称分别为处女座、射手座、水瓶座、天平座。

巨蟹宫
双子座

双子宫
金牛座

金牛宫
白羊座

白羊宫
双鱼座

黄道

双鱼宫
宝瓶座

宝瓶宫
摩羯座

地球公转

天蝎宫
天秤座

人马宫
天蝎座

摩羯宫
人马座

哇！下面那些生物好像很厉害！

你知道吗？天文学家居然声称他们也在考古，而且考的是宇宙的古，他们居然要研究整个宇宙是如何开始，如何演化到现在，未来又将如何。那么，他们怎样知道宇宙的过去呢？

奥秘就在于奇妙的光。光速是宇宙中最快的速度，却仍是有限的，真空中的光速是每秒30万千米。因此我们看到的星光都是很早以前发出来的。举个例子，太阳发出的光也要经过8分钟才能到达我们眼里，也就是说我们看到的太阳，其实是8分钟之前的太阳。

天文学家喜欢用光年来表示天体的距离，1光年就是光在一年中走过的距离，大约相当于10万亿千米。太阳之外，离我们最近的恒星是

距今约250万年前

仙女星系
距离约 250 万光年

我们怎样知道宇宙的过去?

比邻星,距离 4.2 光年,也就是说,现在看到的比邻星其实已是它 4.2 年前的形象了。又如仙女星系,我们看到的其实是它在大约 250 万年前的形象。如今,我们可以看到的最遥远的天体已经远在 130 亿光年之外!也就是说,我们看到的是这个天体 130 亿年前的样子,这已经接近于宇宙诞生的初期了。

观测宇宙中的天体,就像是在翻阅一本历史图册。我们有着无数的星星样本,就相当于看到了宇宙漫长历史中各个时期的各种天体形象,从孕育恒星的星云到青壮年恒星、年老的红巨星、濒死爆发的超新星,乃至恒星死亡后形成的白矮星、中子星等等,由此就可以建立起天体由生到死的演化链,这样的工作难道不就是宇宙考古学吗?

我们知道宇宙的过去,是因为我们正在注视着宇宙的过去。

嘻?我怎么听到有人在遥远的宇宙中叫我……

南方古猿

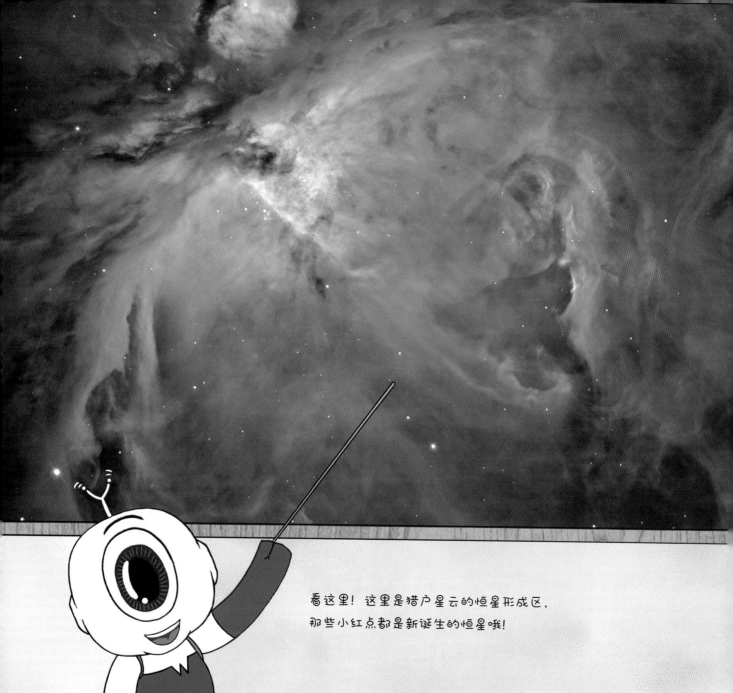

看这里！这里是猎户星云的恒星形成区，那些小红点都是新诞生的恒星哦！

你知道太阳是怎样诞生的吗？

　　所有的恒星都是一大团被称为星云或分子云的气体和尘埃，通过引力坍缩最终点燃热核聚变反应的方式诞生的，太阳也不例外。大规模形成恒星的星云被称为恒星形成区，通常可以孕育成千上万颗恒星。在数百万年的形成过程中，很多恒星还会在其周围形成原行星盘，进而形成行星、卫星和其他天体。

　　新生大质量恒星发出的强烈辐射会使得星云中的大量氢气发生电

太阳是怎样诞生的？

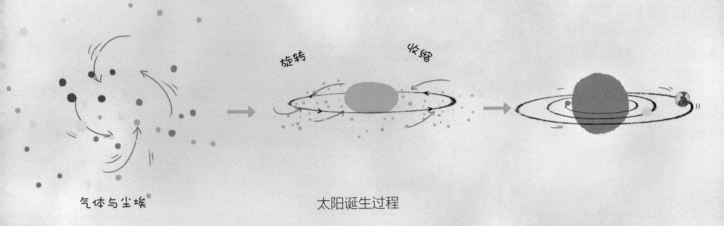

旋转　　收缩

气体与尘埃　　　　　　　　太阳诞生过程

离，所以这样的区域也被称为电离氢区，它们通常都会发出特征性的红光。恒星形成区中超新星爆发产生的冲击波以及大质量恒星吹出的强烈恒星风，将会吹散星云中多余的气体，留下来的就是由众多恒星组成的星团。

　　如果我们想看看太阳刚诞生时的样子，就可以到恒星形成区里去寻找。距离地球 1500 光年远的猎户星云就是这样一处恒星育婴所，天文学家利用太空望远镜等先进设备在这里发现了许多年轻恒星，对我们理解太阳的诞生很有帮助。

最年轻的原始恒星

　　2015 年 3 月，美国国家航空航天局（NASA）发布了用斯皮策太空望远镜和地面仪器共同观测到的"HOPS 383"原恒星爆发时的情景。这是天文学家记录到的最年轻的原恒星爆发画面。原恒星是恒星形成过程中的早期阶段。

为什么行星有时会"逆行"？

行星之所以被称为"行星"，是因为古人早就注意到，它们相对于恒星背景是在明显地运动的。仔细观测还发现，它们的运动不老实，有时自西向东走，有时则是自东向西走。前一种情况称为"顺行"，比较常见；后者称为"逆行"，比较少见。火星的这个现象特别明显，其怪异的运动令古人迷惑，因而又得了一个"惑星"的称号。

逆行现象其实是行星的真实空间运动在星空中表现出来的表观现象，被称为"行星视运动"，是由于行星和地球的相对位置的变化而产生的，并非真的"逆向行驶"。

以火星为例，它与地球的公转方向都是自西向东的，地球跑得比火星快，所以火星绝大多数时间都是相对于星空背景自西向东运行。但是在某些特殊的时段，火星的视运动方向会突然发生改变，看上去变成自东向西运行了，这段过程就是"逆行"。其他行星也都有类似的逆行现象，只需用简单的几何关系即可解释。

多次拍摄叠加在一起呈现出的火星在星空背景中的实际行走路线（每一个亮点表示不同日期的火星）

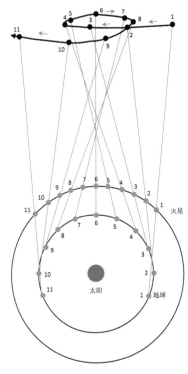

火星逆行示意图（施韓绘）

行星冲日

地球绕日轨道外侧的行星,如木星、土星和火星等,都会出现一种"冲日"的现象。这里的"冲"是"反向"的意思。行星绕行太阳的过程中,会在某一时刻与太阳和地球近似处于同一直线,但是与太阳所在的方向相反。造成的现象就是某颗行星出现在天空中与太阳相对的方向上,当太阳从西边下山的时候,这颗行星正好从东方升起。带来的好处当然就是整夜都可以见到这颗行星,而且其亮度也达到最亮,所以在冲日前后的一段时间都是观测这颗行星的最佳时机。

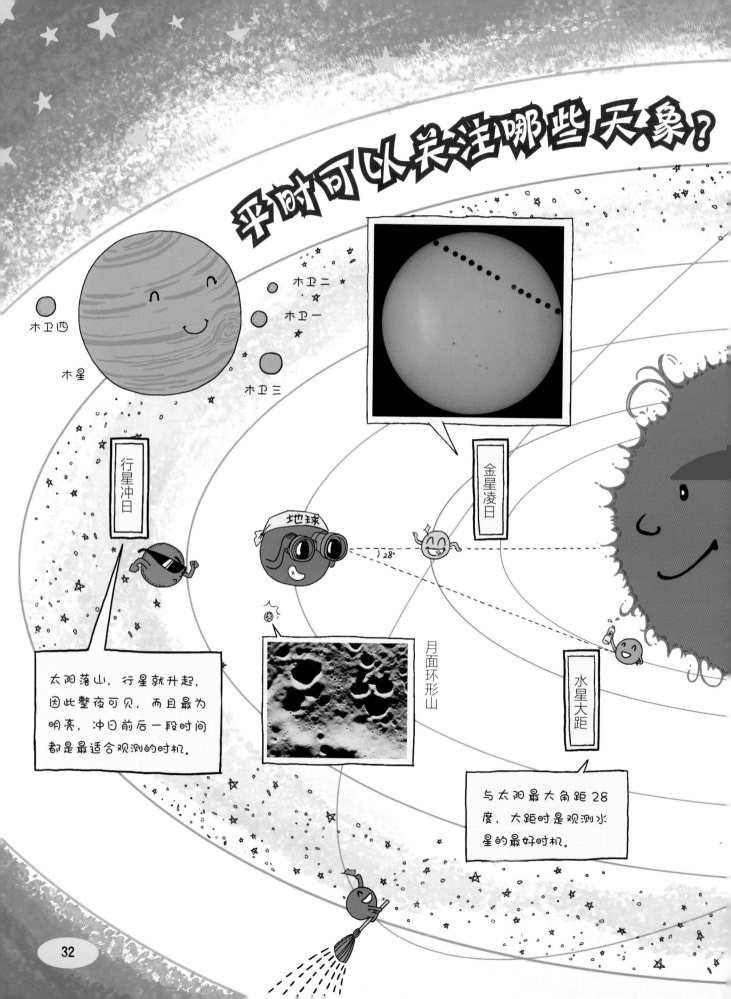

平时可以关注哪些天象？

木卫四

木星

木卫二

木卫一

木卫三

行星冲日

太阳落山，行星就升起，因此整夜可见，而且最为明亮。冲日前后一段时间都是最适合观测的时机。

金星凌日

月面环形山

地球

28°

水星大距

与太阳最大角距28度，大距时是观测水星的最好时机。

土星及其光环

精美的天文图片总是吸引人的眼球，然而亲身观察一些有趣的天象，可能会给你留下更为深刻的印象。

这里所说的天象有两种含义，一种是容易观察的天体，例如月球和行星，只要你拥有一台天文望远镜，就可以欣赏月球表面的环形山、木星及其卫星、土星及其光环，还有金星位相、火星表面等。亲眼所见和印刷图片的感觉是大不一样的。

天象的另一种含义是天空中发生的各种自然现象。例如时常引起轰动的日食和月食，天文台可以准确预报发生日月食的地点和时间，还会指导你如何观测。流星雨是另一种广被关注的天象，可惜的是大城市里光污染过于严重，通常难以观测到。有兴趣者可以驾车前往远离城市的荒郊野外，欣赏流星划过天际的美景。

行星的冲日和大距也是值得关注的天象。冲日已在上一个问题中介绍过，你应该还有印象吧，大距则是指从地球上看去，水星和金星离太阳的角距达到极大，此时也是观测它们的最好时机。

天象并非都"罕见"

但凡天象预报，媒体在报道时都喜欢冠以"罕见"一词，其实很多天象并不罕见，比如"某星伴月"每个月都会发生一次，"最大最圆的月亮"用肉眼根本难以辨识差异，没有多少观赏价值，更非"罕见"。相对而言，日月食比较少见一些，"金星（水星）凌日"更为稀罕，肉眼可见的大彗星的出现才是真正值得关注的罕见天象。

带地景的星星周日视运动轨迹照片

如何给星星拍张靓照？

足够耐心

焦距：调到无穷大

| 1600 | 3200 |

ISO 越大，需要的曝光时间就越短

| 30s | | 1s |

曝光时间：根据经验选择时间长短

| F1.8 | F2.0 | F2.8 | F3.2 |

光圈：尽可能放大

地球自转

拍星星？想想就很浪漫。其实只要掌握技巧，你也能拍！一台相机，一个三脚架，一根快门线，我们就能拍出满天繁星的感觉，再加上一台天文望远镜，就能给星星拍特写了。当然，无论如何，一个远离城市灯光的黑暗环境都是必须的，此外老天还得帮忙——一个晴朗的夜晚！

用三脚架架设一台可以长时间曝光的相机，对焦无穷远，ISO 调到 1600 以上，光圈开至最大，直接对着你想拍摄的天区，曝光时间可以尝试 1 秒至 30 秒之间。如果环境足够黑暗，就能拍到满天的繁星和银河。如果你有耐心，拍上几十分钟甚至两三个小时，那么就能拍到你曾经看到过的那种一圈一圈的星星周日视运动轨迹照片啦。最好使用单反相机，若能配上广角镜头，你的星空就会更加恢弘，运气好的话还可能会有流星哦。

给星星拍特写就要复杂一些了。要拍出好的特写就必须进行长时间的跟踪拍摄，这样才能将微弱的星光累积起来，展现出美丽的色彩和细节。然而，满天的星星都在绕北天极旋转，不采取措施的话星星就会拖线，星光也无法累积起来。因此，你还需要一台配置有赤道仪跟踪装置的天文望远镜，这是一种运转速度和地球自转保持同步的转动机构，可以保证望远镜始终指向拍摄的星体，经过长时间曝光后就能得到星星的特写了。

星空摄影拍什么？

这里所说的拍星星只是泛指。拍摄单颗恒星其实很无趣，因为结果很可能还是一颗恒星，只是亮了一些而已。有趣的拍照对象应该是星团、星云或星系等，需要的曝光时间较长；也可以是月球和行星，所需的曝光时间可以比较短。具体曝光多长时间，取决于拍照对象和你的拍摄设备，需要你在实践中用心体会哦。

天文爱好者拍摄的猎户星云和木星

天文望远镜的放大倍数越大越好吗?

〇径大小的作用主要是:
① 决定望远镜的集光能力,〇径越大,收集暗弱光线的面积就越大,也就越能看到更暗的天体。

② 决定望远镜的分辨本领,〇径越大,分辨率就越高,成像越清晰。

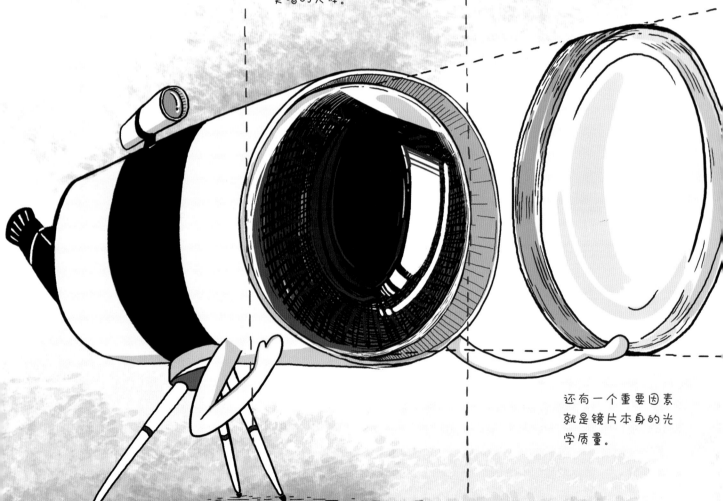

还有一个重要因素就是镜片本身的光学质量。

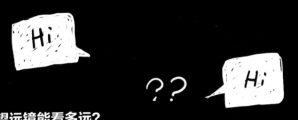

望远镜能看多远?

这是初次接触望远镜的人常常会问的另一个问题,实际上这个问题并不恰当,因为能够看多远还取决于所看对象的明亮程度,极亮的物体即使很远也看得见,无光的物体放在你面前也难看见。所以,有意义的问法应该是:"能够看到多暗的物体?"相应的望远镜指标是极限观测星等。

天文望远镜的放大倍数越大越好吗?许多人第一次购买天文望远镜时都会有这样的疑问。他们常常会被厂商吹嘘的几百倍,甚至上千倍的放大倍数所迷惑。真能放大那么多倍吗?

以后别再相信这些关于放大倍数的吹嘘了。无论哪一种形式的望远镜,最重要的参数都是口径,也就是主镜片的直径。口径大小的作用表现在两个方面:(1)决定望远镜的集光能力,口径越大,收集暗弱光线的面积就越大,也就越能看到更暗的天体;(2)决定望远镜的分辨本领,望远镜的另一个看家本领就是能把远方两个原来无法分辨的目标分辨开来,口径越大,分辨率就越高,通俗地讲就是成像越清晰。此外,决定望远镜成像质量的还有一个重要因素,即镜片本身的光学质量,优质镜片与普通镜片的成像之差异是显而易见的。

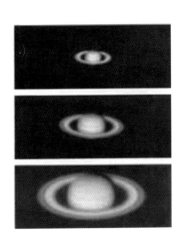

大倍率其实就是起放大镜的作用。

那么放大倍数起什么作用呢?其实就是起放大镜的作用,只是把图片放大,看起来更为舒适而已。成像清晰时,较大的倍数才是有意义的,如果成像原本就是模糊的,那么再大的倍数也不能使之变清晰。事实上要想得到不同的倍数,只须更换望远镜的目镜就行了。对于常见的小口径望远镜来说,放大倍数一般不需要超过200倍。所以,以后遇到吹嘘放大倍数500倍以上的商家,还是离他远一点为好。

哪里可以看到满天繁星？

阿里的星空好美啊！

你一定曾在书中了解过曾经的满天星斗，然而实际上抬头望天却看不到几颗星星。星星去哪儿了？到哪儿才能看到满天繁星呢？

其实，星星从未离开过我们，它们一直都在天上。只是因为城市灯光越来越多，就像人造"太阳"，迫使众多的星星玩起了失踪。然而，只要你有一颗追寻星空的心，有勇气跑去远离市区的荒郊野外，这些星星就都回来了。只要能找到天气晴朗、空气洁净、无灯光干

为什么星星都看不见了？

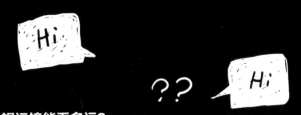

望远镜能看多远？

　　这是初次接触望远镜的人常常会问的另一个问题，实际上这个问题并不恰当，因为能够看多远还取决于所看对象的明亮程度，极亮的物体即使很远也看得见，无光的物体放在你面前也难看见。所以，有意义的问法应该是："能够看到多暗的物体？"相应的望远镜指标是极限观测星等。

　　天文望远镜的放大倍数越大越好吗？许多人第一次购买天文望远镜时都会有这样的疑问。他们常常会被厂商吹嘘的几百倍，甚至上千倍的放大倍数所迷惑。真能放大那么多倍吗？

　　以后别再相信这些关于放大倍数的吹嘘了。无论哪一种形式的望远镜，最重要的参数都是口径，也就是主镜片的直径。口径大小的作用表现在两个方面：（1）决定望远镜的集光能力，口径越大，收集暗弱光线的面积就越大，也就越能看到更暗的天体；（2）决定望远镜的分辨本领，望远镜的另一个看家本领就是能把远方两个原来无法分辨的目标分辨开来，口径越大，分辨率就越高，通俗地讲就是成像越清晰。此外，决定望远镜成像质量的还有一个重要因素，即镜片本身的光学质量，优质镜片与普通镜片的成像之差异是显而易见的。

大倍率其实就是起放大镜的作用。

　　那么放大倍数起什么作用呢？其实就是起放大镜的作用，只是把图片放大，看起来更为舒适而已。成像清晰时，较大的倍数才是有意义的，如果成像原本就是模糊的，那么再大的倍数也不能使之变清晰。事实上要想得到不同的倍数，只须更换望远镜的目镜就行了。对于常见的小口径望远镜来说，放大倍数一般不需要超过200倍。所以，以后遇到吹嘘放大倍数500倍以上的商家，还是离他远一点为好。

我的望远镜可以放大500倍以上呢！

骗人！

为什么城市里看不到银河？

天哪！银河太美了！为什么城市里看不到呢？

这个问题在古代是不存在的，电灯发明之前，任何城市都将伴随落日而进入夜幕，人们抬头就能看见满天的繁星和一条银白色的天空之"河"。

然而，如今越来越多的人造光源被大量使用，特别是大城市，各种灯光映射照亮了夜空，这就是光污染。此外，工业文明还带来了显著的大气污染，浑浊的空气将原本径直射向空中的光线散射在低空，更是大大降低了夜晚天空的可见度。

欣赏星空最大的敌人就是各种额外的光照，正如白天的阳光使得群星隐没不见，夜晚的人造灯光也会导致星光黯淡，能够看到的便只有数颗最亮的星星而已。银河本是夜空中一道暗弱的光带，只有在黑暗的环境中才能显出它的璀璨和辉煌，而在任性的城市灯光面前，它只能被迫隐身。

曾经的"天上星星数不清"现在却变成了"地上灯光数不清"。据有关统计，世界上至少 2/3 的人口已经看不到银河，银河对可怜的城市人而言已然成为一种传说。如今，只有天文馆才能让城市人回归自然，体会银河那曾经的灿烂。

冬夜银河和夏夜银河

如果我们逃离城市来追寻银河，那么冬天的银河和夏天的银河会有什么差别吗？地球位于偏离银河系中心（银心）约3万光年的地方，我们在不同的季节看到的银河形象是有所不同的。银心在人马座方向，这是夏季的星座，所以夏季的银河显得更为明亮。相反，我们在冬季看到的是银河系背离中心的另一面，所以冬季的银河看起来相对暗弱一些。但是有趣的是，冬季的亮星特别多，也算是大自然给予冬季观星者的额外"福利"吧。

就是因为这些光太亮才使得我们看不到银河！

哪里可以看到满天繁星?

阿里的星空好美啊!

为什么星星都看不见了?

你一定曾在书中了解过曾经的满天星斗,然而实际上抬头望天却看不到几颗星星。星星去哪儿了? 到哪儿才能看到满天繁星呢?

其实,星星从未离开过我们,它们一直都在天上。只是因为城市灯光越来越多,就像人造"太阳",迫使众多的星星玩起了失踪。然而,只要你有一颗追寻星空的心,有勇气跑去远离市区的荒郊野外,这些星星就都回来了。只要能找到天气晴朗、空气洁净、无灯光干

西藏阿里的星空（王晓华摄）

扰的地方，就能与你意想中的星空如期相遇。

对于天文台来说，能看见更多的星星也就意味着更好的观测效果和更多的观测机会。科学家们也是按照这些条件来为大型望远镜安家的。几十年不落一滴雨的智利阿卡塔马大沙漠，夏威夷大岛海拔 4000 多米的莫纳齐亚山顶，以及我国新近考察的西藏阿里地区等，都是极佳的观测台址，那里的星空美得让你窒息。

然而，最好的地方还是在天上，大气层之外，那里没有任何的污染，只有那里才是星星的天堂。天文学家因此而设计了各种类型的空间望远镜，它们经发射进入太空后就在自己的运行轨道上待着，不受任何天气因素和人为活动的影响，可以最大限度地进行科学观测。

宇航员凯利的星空

美国宇航员凯利在国际空间站执行了 340 天的工作任务，他的一大爱好就是从太空中拍摄地球和星空。他所处的独特位置为多少摄影人所梦寐以求，他拍摄的星空照片美煞了地面上多少梦想看到更多星星的爱好者们。

太阳的寿命有多长？

太阳也会"死亡"吗？会的，太阳真的也有"生"和"死"。

太阳诞生于46亿年前，那时有一大团超低温、超稀薄，主要由氢气组成的星际云团。不知道什么原因（真不知道，会不会是附近发生了一次超新星爆发？），这团星云受到扰动，竟然开始收缩了，而且在引力作用下，收缩还不断加速。收缩的动能转化为热能，于是，云团的体积越来越小，温度却越来越高。终于有一天，它的核心温度达到了700万摄氏度（你没有看错）！神奇的热核聚变反应被"引爆"，巨大的能量释放出来，这团气体不再继续收缩，而是变成了一个稳定存在且不断发出光和热的星球。我们的太阳就这样诞生了。

现在你知道了，太阳已有约46亿岁，然而现在却只是太阳的"中年"，它还能再活大约50亿年，然后就将迎来它的"老年"。太阳步入"老年"后，其核心区的大部分氢都将耗尽，其外层会膨胀，变成一颗硕大的红巨星，并不断地产生强烈的脉动，将外层物质抛向外太空，而它的核心则会变成密度极高的白矮星，在岁月流逝中慢慢地冷却和暗淡下去。

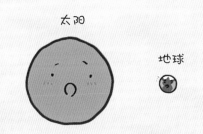

太阳　　　地球

太阳的生命周期

当前

热核聚变示意图

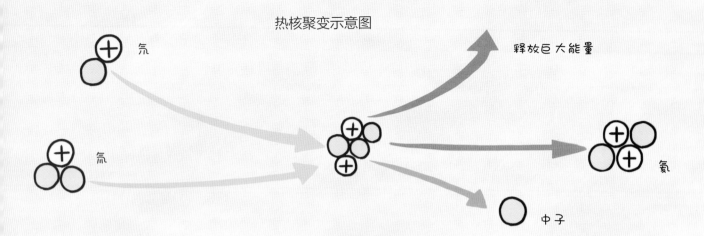

氘

氚

释放巨大能量

氦

中子

太阳内部的超大规模氢弹爆炸

　　和所有的恒星一样，太阳的核心每时每刻都在进行着超大规模的氢弹爆炸，这是一种在超高温（1500万摄氏度）环境下产生的热核聚变反应，同氢弹爆炸的原理基本一样，氢原子核（准确地讲应该是氘和氚，都是氢的同位素）彼此碰撞后合成了氦原子核。神奇的是，转变过程中，有一小部分质量变成了巨大的能量，不断释放出光和热。

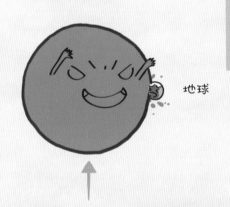

地球

红巨星的直径可达太阳直径的数百倍，甚至可以把整个地球绕太阳运转的轨道都"吞"进去。

红巨星

白矮星的漫漫长路

哇！原来太阳比我们加起来都要重！

太阳是太阳系中唯一的恒星，也是最大的天体，它的质量约为 1.99×10^{30} 千克，这里使用了科学计数表示法，因为这个数量已经大到不适合用普通方法来表达了，写全了就是 199 后面跟上 28 个 0！可以拿它和地球的质量比一比，差不多就是地球质量的 33 万倍。

太阳是太阳系家族的霸气大家长，竟然集中了太阳系约 99.86% 的质量，咱们的地球在它眼里就跟不存在一样。可是如果放到宇宙这个场合，就轮不到太阳逞强了，在银河系恒星世界的数千亿颗恒星中，太阳只是一颗质量偏小的普通恒星。

我们还可以看看太阳的个头有多大。它的直径大约为 139 万千米，是地球的 109 倍，立方一下就可以算出它的体积约为地球的 130 万倍。如果把太阳比作一个篮球，那么地球就只是一个直径 2.2 毫米的小小珠子，粗心的人直接就把它忽略了。

太阳竟然在太阳系中占了几乎99.86%的质量！哎哎……

空空的太阳系

你可能见过太阳系全景图吧？然而真正的全景其实你永远也看不见！太阳系各个天体的个头和距离差别极其悬殊，按真实比例根本没法画。不信吗？如果我们把海王星的轨道做成一个直径4米的圈，那么太阳竟然只是中心一个1毫米的小亮点，而所有行星全都画不出来了！这个圈子里就像是啥都没有一样，太任性了吧？

猜猜看，按照这种比例，如果我们是在上海科技馆里来画这个圈，那么离我们最近的比邻星距离这里会有多远？（答案藏在本书某处。）

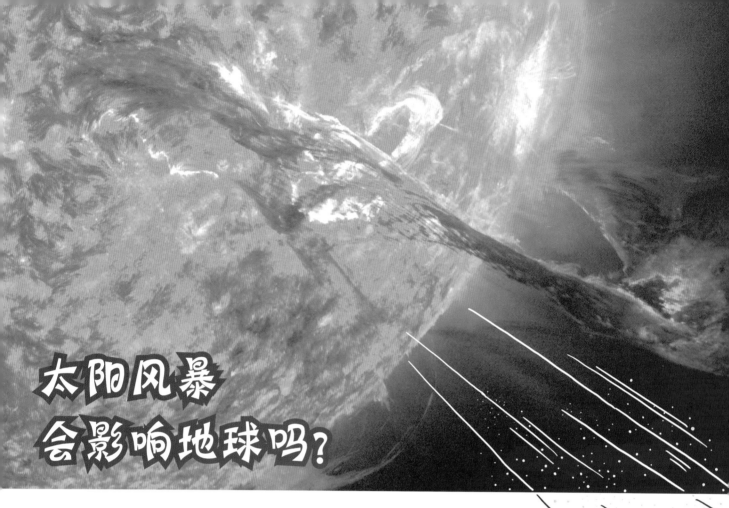

太阳风暴
会影响地球吗?

真实的太阳可不像我们想象的那么温和,它的表面时刻都处于激烈的沸腾状态,时不时还会发生激烈的活动现象,就像"打喷嚏"一样,把大量的等离子体物质抛出体外,这些物质的主要成分是高速带电粒子,它们挣脱了太阳的引力束缚,以每小时数百万千米的速度奔向太空各处,这就是"太阳风暴"。

部分高速带电粒子可能撞向地球,与地球磁场发生撞击,甚至冲入地球大气,与大气中的各种分子发生激烈的相互作用,绚丽的"极光"就是这种相互作用产生的现象。

然而,太阳风暴更经常扮演的是麻烦制造者的角色。它会对地球产生很多负面作用,例如臭氧层被破坏、卫星网络瘫痪、大范围电网中断等。

好在太阳活动是有规律可循的,通常每隔 11 年左右

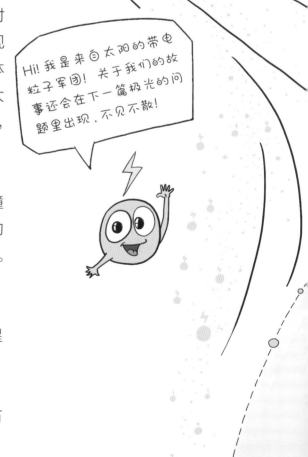

卡林顿事件

　　1859年9月1日，一位名叫卡林顿的英国天文爱好者在观察太阳黑子时，突然发现在太阳表面出现了两道极亮的白光，他还以为是自己碰巧看到一颗大陨石落在了太阳上。天文学家后来发现太阳上经常会出现这种现象，并将其称为"太阳耀斑"。这是人类历史上第一次记录到太阳风暴事件，而且竟然还是迄今为止最强的一次太阳风暴，强到连美国南部的新奥尔良地区都出现了极光。好在那个时候还没有电力系统和网络系统，否则后果不堪设想。

卡林顿当天记录的太阳黑子和耀斑现象

　　就会进入一次高峰期。全球许多太阳天文台都在密切关注太阳的活动现象，并根据研究结果作出预报，这个工作被形象地称为"空间天气预报"。只要防卫得当，太阳风暴也没那么可怕。

Hello!?
喂！喂？
……

天上为何会出现多彩的极光？

Hi！我是来自太阳风的高速带电粒子。

北磁极

带电粒子与氮气结合会产生紫色的光

带电粒子与氧气结合会产生绿色和红色的光

地球

带电粒子与氩气结合会产生蓝色的光

南磁极

地球磁场

加拿大黄刀镇的极光（朱达一摄）

北极附近，寒风凛冽，居民和观光客却经常能够有幸在夜空中欣赏到五彩斑斓、婀娜多姿的"飘带"，这就是极光现象。

"谁持彩练当空舞？"神奇的极光原来是太阳和地球共同创作的"礼花"。太空中有一种"太阳风"，它的成员都是来自太阳的高速带电粒子。"太阳风"离开太阳后，有时恰好就会"吹"过地球，以每秒几百千米的速度撞击地球大气，高速带电粒子和地球大气中的各种分子发生激烈的相互作用，产生一种名为"受激发光"的现象，结果就在大气中产生了绚丽多彩的光幕，比如：氧气被激发后发出绿光和红光，氮气被激发后发出紫光，氩气被激发后发出蓝光，天空中就出现了迷人的彩色飘带。

极光为何青睐北极？其实极光不光喜欢北极，同样也喜欢南极，奥秘在于地球的磁场。地球磁场就像一只魔手，会迫使众多来自太阳的带电粒子转向聚集到地球的南、北两个磁极。虽然南北磁极和地理上的南北两极并不重合，但也离得不远，因而南北两极附近都很容易看到极光现象，北极地区见到的就是北极光，南极地区见到的就是南极光。

其他行星上也有极光吗？

还真有啊！太阳系内除水星以外的其他行星上都发现了极光，其中木星上极光最为强烈，种类也最为丰富。有趣的是，木星极光的主要成因竟然不是太阳风！冲向木星的高速带电粒子除了太阳风之外，还有另一种更强大的来源——木卫一的火山喷发物，没想到吧？

看！我也有极光哦！呵呵！

如何安全地观测太阳?

　　大家肯定都很想用望远镜来看看太阳的真实面貌吧。然而,所有的望远镜上都会醒目地标注:严禁直接观测太阳! 原来,望远镜的作用就是使用透镜或反射镜把观测对象的光线聚集起来。太阳本来就是那么耀眼,再经过望远镜的汇聚作用,焦点上聚集的阳光可以达到几百摄氏度,轻易就能点燃火柴、烧穿纸张,你还敢"以身试法"吗?

　　然而,我们还是有办法来安全地观测太阳的。

　　首先,可以采用投影的办法。在望远镜的目镜后方固定一张白纸板,把望远镜对准太阳,仔细调节焦距,太阳的光线通过物镜和目镜后,就会在白纸上投射出一个大而清晰的太阳像,通常可以看到清晰的太阳黑子,有兴趣的话还可以将太阳表面的细节都画下来。

　　其次,还可以给望远镜的物镜配上一个专用的太阳滤光片(注意:太阳眼镜可不行!),它可以大大减弱太阳的光强,我们就可以直接观察太阳的表面了。更专业一点的话还可以考虑使用一些特别的太阳滤光片,例如 Hα 滤光片,它只允许某些特殊波段的太阳光经过,

这样我们就可以观察到太阳的另一种面貌，例如太阳的色球层及日珥爆发现象。

　　建设中的上海天文馆有一个特别设计的太阳塔，那里的大型设备会带给你非常震撼的太阳观测体验，期待一下吧。

不同的太阳"光"

　　太阳光是一种电磁辐射，但在不同的电磁波段下，太阳表现出的形态是大不一样的。科学家通过研究不同波段的太阳"光"便可以研究太阳中不同高度的大气，同时也能观察到太阳黑子、耀斑闪现、日珥喷发、日冕物质抛射等多种太阳活动现象。

利用 Hα 滤光片看到的太阳色球层，边缘可见有日珥喷出（汤海明摄）

可见光波段的太阳表面（可见太阳黑子）

月球是怎么形成的？

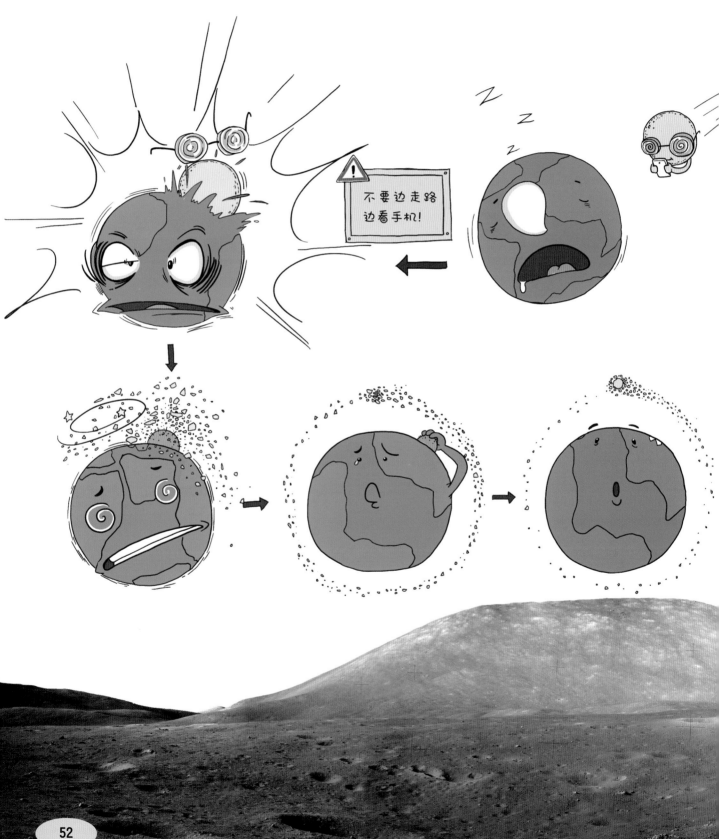

地球和其他行星一样，都是差不多在太阳形成的同时形成的。那么，作为地球的唯一天然伴侣，月球又是怎么形成的呢？

很容易想象，月球可能也是在太阳系的创生过程中一起产生的，也有人认为月球是被地球捕获的其他小天体。然而，越来越多的证据却倾向于认为，月球是在地球的一次大碰撞中诞生的。

在40亿～45亿年前，正处于形成期的太阳系非常动荡不安，大量形成的天体并没有完全进化成完整的行星，地球也曾经遭受到多次碰撞。其中有一颗刚形成不久、火星般大小的行星撞击了地球，撞击使得这颗行星（原月球）碎裂，而尚未完全固化的地球壳层也有相当多的物质被抛向了太空，其中较重的物质在地球引力作用下又落回了地球，而一些较轻的碎片则与"原月球"碎片一起聚集形成了月球。

这个假说听起来有些不可思议，但是却得到了关于地球和月球的密度、结构及物质组成上的许多证据的支持。虽然这个假说仍有许多待解之谜还须进一步研究，但却已经成为当代得到广泛认同的月球形成主流理论。

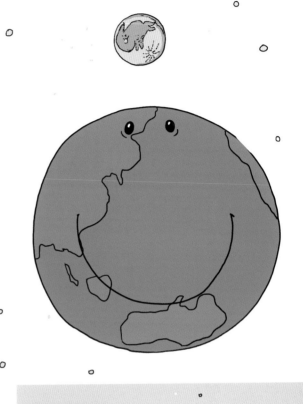

死寂的月球

　　地球至今仍保持着活跃的地质活动，如地震、火山等，而月球的地质活动则在20亿～30亿年前就已基本停止，现今的月球已是一个内部能源近于枯竭、内部活动近于停滞的僵死的天体，仅有极其微弱的月震活动。来自小天体的撞击成了缓慢改变月球面貌的主要因素。现今的月球是一个无大气、无生命活动的死寂的世界。

月球上有嫦娥和玉兔吗？

广寒宫

月球的正面形象，其中黑色的暗斑称为月海，
还可见众多的明亮坑状结构，即为环形山。

月亮的故事，讲了一代又一代，神秘的广寒宫、美丽的嫦娥、可爱的玉兔，这些都真实存在吗？现在大家都已了解，这些只是美丽的传说。

当意大利科学家伽利略四百多年前首次透过望远镜看到月球的一刹那，他简直不敢相信自己的眼睛，高耸的山峰、巨大的环形山组成了一幅美得令人窒息的月球景象图。可惜的是，月球上荒无人烟，既没有空气也没有液态水。嫦娥和玉兔在这种恶劣的环境中恐怕没法生存啊。

那么，我们赏月时隐约看到的"嫦娥"和"玉兔"又是什么呢？月面上会看到一些阴影，早先的天文学家称之为"月海"，然而，后来的探测已经查明，它们其实只是月面上一些比较低洼的地形，绝对不是液态水哦。所谓"嫦娥"和"玉兔"，其实只是人们根据月面上那些阴影的形状，再配合神话传说进行的想象，实际上其他国家还有其他的各种想象，比如老妇人、小男孩之类。你也可以不拘一格地想象你的月球故事哦。

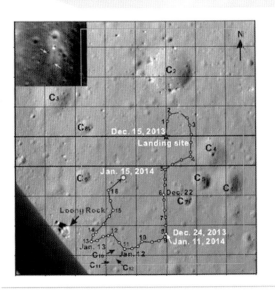

月球上真有"嫦娥"和"玉兔"啦！

中国探月计划中的飞船被命名为"嫦娥号"，2013 年 12 月 14 日，"嫦娥 3 号"成功落月，并携带一辆名为"玉兔"的月球车登上了月球的"雨海"西北部。从此以后，"嫦娥登月"不再是神话，中国的"玉兔"真的在月面上行走啦。更有趣的是，国际天文学联合会还在 2015 年 11 月宣布，"玉兔"月球车跑过的一圈地皮（约 4000 平方米）被正式命名为"广寒宫"，那不就是传说中嫦娥的住所吗？

月亮为何一直在"变脸"？

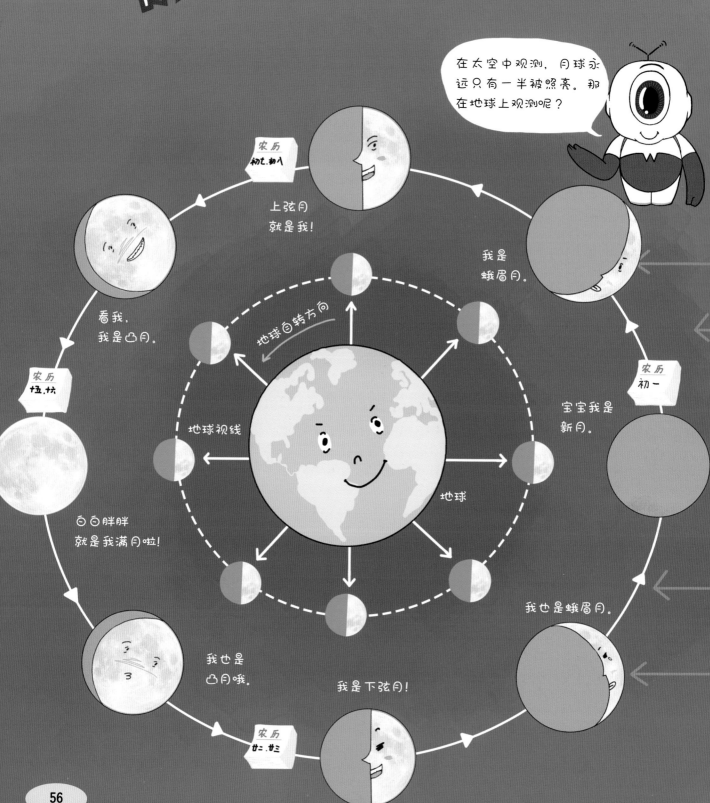

如果你每天都观测月亮，就会发现月亮的形状在慢慢地改变，所谓"初一、十五不一样"。月亮为什么会一直在"变脸"呢？

原来，月亮的学名叫月球，它本身并不发光，而是通过反射太阳光才被我们看到。看示意图就可以明白，远方射来的阳光只能照亮半个月亮，由于月亮在绕着地球缓慢地公转，随着日、地、月三者的空间位置发生变化，就会产生不同形态的月面，时而饱满时而残缺，这就是月相。

当月亮运行至与太阳相同的方向，月亮被阳光照亮的那一面在其背后，我们就看不到月亮了，此时月相为新月，又称为"朔"，农历中规定这一天为初一。此后，月亮与太阳的夹角越来越大，月相逐渐变大。到了农历初七或初八，我们能看到东边不亮西边亮的半个月亮，此时月相称为"上弦"。

当月亮运行至与太阳相距180°时，我们看到的就是完全被照亮的那半个球面，此时月相为满月，又称为"望"，一般发生在农历十五或十六。

随后，月相逐渐变小，我们会看到与"上弦"方向正好相反的半个月亮，称为"下弦"，一般发生在农历廿二或廿三。再过7天左右，月亮将重新回到"朔"的位置，又开始新的一轮月相变化。

月亮这样变化一周的时间周期被称为"朔望月"，大约是29.53日。

太阳光

半个月亮爬上来

    "西部歌王"王洛宾有一首著名歌曲《半个月亮爬上来》，描写的是何时的月亮呢？符合"半个月亮"的月相要么是上弦，要么是下弦。但是要符合在夜晚"爬上来"的特征，就只有下弦月了。想来王洛宾先生必是在半夜里见到月亮跃出山头，见景生情，从而创作出了这一传世之作。

月亮初升时特别大吗？

赏月的时候，会不会觉得月亮刚升起来的时候特别大，升高以后就变小了？观察太阳也有类似的现象，为此还产生了"两小儿辩日"的故事。有人解释说，这其实是一种视觉假象，月亮刚升起来时，有山峰、树木等地面物体作对比，就显得大一些；而升到高处的月亮因高悬空中，就显得小一些。如果用仪器测量，初升的月亮和中天的月亮应该是一样大的。

果真如此吗？上海天文台的科普老师做了一个实验，他们用同一台相机对着初升的月亮和此后升到头顶的月亮分别拍了一张照片，然后把两张照片叠在了一起。

果真如此吗？

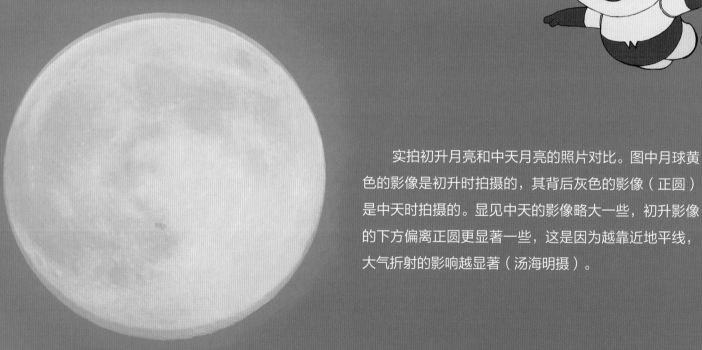

实拍初升月亮和中天月亮的照片对比。图中月球黄色的影像是初升时拍摄的，其背后灰色的影像（正圆）是中天时拍摄的。显见中天的影像略大一些，初升影像的下方偏离正圆更显著一些，这是因为越靠近地平线，大气折射的影响越显著（汤海明摄）。

有没有搞错啊？结果发现初升的月亮竟然比中天的月亮还要小！科普老师告诉你，这是真的，因为月亮初升时角度较低，穿透的大气层较厚，大气的折射作用比较明显，因此使得它的影像在垂直方向上缩小了一些，看起来就有点扁了。而月亮逐渐升高之后，大气折射的影响变小，成像就接近正圆了。直径一样的正圆面积当然要比扁圆大了。

因此，初升的月亮比较大，确实是一种视错觉现象。照相机可不会骗人哦。

有没有搞错啊？初升的月亮竟然比中天的月亮还要小！

初升的月亮比较大，确实是一种视错觉现象。照相机可不会骗人哦！

视错觉

我们对周围事物的观察都要经过人脑对视神经传输图像的判断，这个判断机制基于通常的经验，但被观察物体的参照系异于常态时，人脑有时就会作出错误的判断。这种情况也很常见，比如对右边的两幅图，你可能会认为上图中间的圆比下图中间的圆小，但实际上它们是一样大的。视错觉现象告诉我们：眼见未必为实，借助仪器且善做分析才不会被骗。

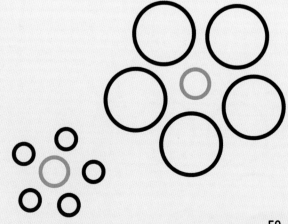

为什么
每年春节的日期都不一样？

春节无疑是中国人最为期盼的重要节日了。然而，我们都会注意到每年春节的日期都不一样，为什么会这样呢？

原来，我们通常所说的日期是指公历日期。公历是一种阳历，是以地球公转周期为参考标准的历法，一年有 365 天或 366 天，分为 12 个月。而中国的传统节日——春节则

公历是根据地球公转周期来制定的，一年有 365 天或 366 天，分为 12 个月。

太阳

月球

地球

是农历中的一个重要日期，被定义为正月初一。

农历是中国独创的一种兼顾地球公转周期和月球公转周期的历法，属于阴阳合历。农历一年也有 12 个月，但它是以月相变化周期——"朔望月"为主要参考，一个月有 29 天或 30 天。然而，这样得到的农历全年只有 354 天或 355 天，少于阳历天数，因此就需要按一定的规则设置闰月（即某些年份会出现 13 个月），使得农历和公历在长期尺度上能保持同步。然而，具体到某一年，农历和公历总会有 10—19 天的差异，因此每年的春节都会比前一年"提前"10 天或"推迟"19 天左右。

春节

最早春节和最晚春节

根据农历的推算规则计算，春节可以出现在公历的 1 月 21 日至 2 月 20 日之间的任何一天。上一次出现在 1 月 21 日的"最早春节"是 1966 年，下一次将出现在 2099 年。与此相反，上一次"最晚春节"出现在 1985 年，下一次则将是 2148 年 2 月 20 日！

1985年 2月						
一	二	三	四	五	六	日
				1	2	3
4	5	6	7	8	9	10
11	12	13	14	15	16	17
18	19	20	21	22	23	24
25	26	27	28			

1966年 1月						
一	二	三	四	五	六	日
					1	2
3	4	5	6	7	8	9
10	11	12	13	14	15	16
17	18	19	20	21	22	23
24	25	26	27	28	29	30
31						

月球为什么不会掉到地球上来？

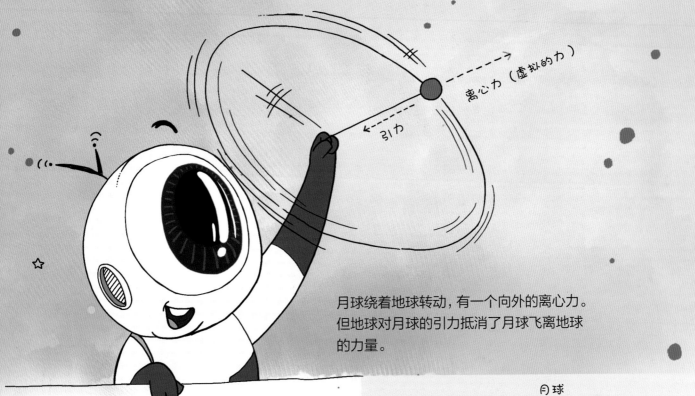

离心力（虚拟的力）

引力

月球绕着地球转动，有一个向外的离心力。但地球对月球的引力抵消了月球飞离地球的力量。

我们都知道，物体之间存在着万有引力，比如，树上的苹果由于地球对它的引力作用会掉到地面。那夜空中明亮的月亮（也就是月球）为什么不会由于地球对它的引力作用而最终掉到地面呢？

奥妙就在于，月球围绕地球公转的过程中，会产生向外的离心力（离心力是一种"虚拟力"，其实是圆周运动造成的效应，并非真实的力），这种离心力正好平衡了地球对月球的引力。打个比方，我们用力甩动一根一端系了小石头的绳子，使它做圆周运动，你会感觉到手里的绳子越来越紧，这就是由于旋转的石头上产生了向外的离心力，我们必须用力地拉住绳子以平衡这个向外的力。否则，我们一松手，石头就会由于离心力的作用飞出去了。

月球绕地球运转也是一样的道理，地球的引力就相当于我们甩动绳子时手中的拉力。因为有了较快速度的圆周运动，月球才不会掉到地球上来，如果你能让月球突然减速，那就危险啦！

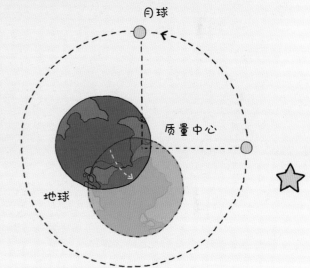

月球

质量中心

地球

地球和月球的公共质量中心示意图

月球也会吸引地球吗？

我们都知道，月球在地球的引力作用下围绕地球运转，但是月球也有质量，它对地球是不是也有引力作用呢？答案是肯定的，地球和月球是互相吸引的。事实上，地球和月球都在围绕它们的公共质量中心运转，只不过由于地球的质量比月球大得多，所以虽然这个公共质量中心位于偏离地球中心4670千米的地方，但还是在地球体内。所以粗略来看，就可以认为是月球绕着地球转啦。

水星上有水吗？

说到水星，你会认为它有很多水吗？关于水星上没有水的知识可能大家都已经有所耳闻了。但是，水星是不是真的一点水都没有呢？

水星是太阳系中最靠近太阳的行星，表面昼夜温差很大，白天可高达 430℃，夜间可降至零下 170℃，一会儿热到金属都会熔化，一会儿冷到什么都会结冰，变化之大在太阳系中排行第一。另外，水星质量只有地球的 1/2，自身引力微弱，而且长期暴露在强大的太阳风中，因此水星表面的水分

水星嘛肯定都是水，我还要去水星游泳呢！

的确很难保持，非常干燥。

然而，科学家们经过多年探测，竟然发现情况并没有那么悲观。2008年1月造访水星并围绕它探测了5年之久的"信使号"探测器在水星极地永远得不到阳光照射的陨石坑深处，竟然找到了可能有水冰存在的证据。这些水可能来自水星的内部，也可能是陨星撞击时带来的。无论如何，在这样一个地狱般的世界里竟然还能有水，也算是给水星的大名小小地挣了口气。

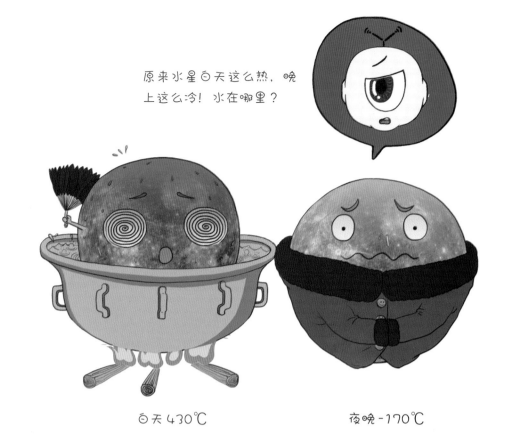

白天430℃

夜晚-170℃

五行与神话

水星没有水，木星没有木，金星没有金，为啥却被冠以这些名字呢？原来中国古代流行五行学说，认为万物都有金、木、水、火、土五种特性，于是就用这五个名称来命名天上最亮的五颗行星了。西方人则喜欢用希腊神话中神的姓名来给它们命名，比如水星名为墨丘利（信使之神），木星名为朱庇特（主神），金星名为维纳斯（爱与美之神），土星名为萨图恩（农神）、火星名为马尔斯（战神）。

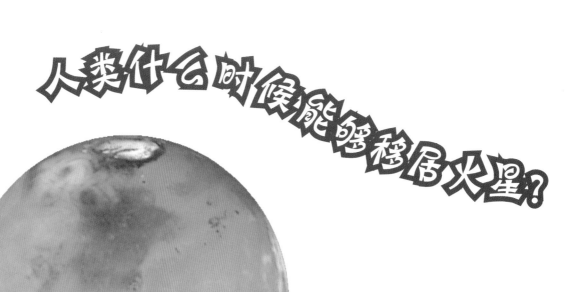

人类什么时候能够移居火星?

火星平均直径 6753 千米,质量约为地球的 11%,是离地球最近的行星之一,也是未来最有可能成为人类移居地的星球。人类对火星的了解越来越丰富,尤其是在火星上有水存在的信息,更是增强了人类移居火星的信心。

然而，火星大气相当稀薄，大气密度还不到地球大气密度的1%，而且火星上几乎没有液态水，因此从现有条件来看，生存环境还是极为恶劣的。不过美国国家航空航天局已经开始制定火星移民计划，并提出将在2030年实现人类首次登陆火星，迈出人类移民火星的第一步。

未来要进行大规模的火星移民，就必须改造火星的自然环境，使之接近地球。首先，要让冰冷的火星变暖；其次，要设法将火星冰冻土壤中吸收的二氧化碳释放出来；最后，种植植物，通过光合作用使二氧化碳转变成氧气。如此，生命才有可能在火星上得以兴盛，为人类移居火星创造物质基础。

神奇的"勇气号"和"机遇号"

"勇气号"和"机遇号"是美国的双胞胎火星漫游车，分别于2004年1月3日和1月25日在火星上着陆。虽然它们的设计寿命都是3个月，但是"勇气号"顽强地在火星恶劣的环境中工作到了2010年，而"机遇号"更是奇迹般地至今仍在工作。两辆火星车对着陆点附近的大气、岩石和土壤都进行了深入的探索和分析，硕果累累，创造了人类探索火星历史的一个传奇。

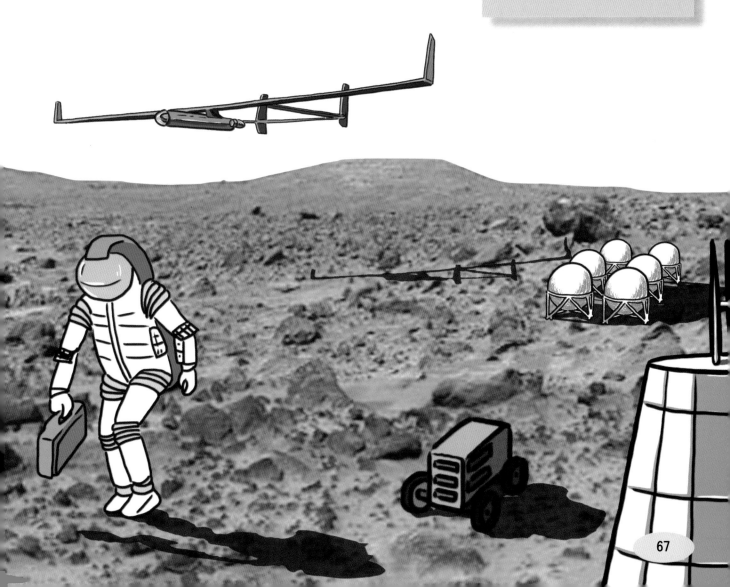

哇！听说火星上发现液态水了！
相信我们很快就能移居火星啦！

火星上发现的液态水能喝吗？

2015 年 9 月 28 日，美国国家航空航天局宣布重大发现：火星上存在流动的液态水。

长期以来，科学家们一直在关注火星是否有水的存在。研究早已证明火星上曾经存在过液态水，但是后来大部分都蒸发了，少部分则以固态冰的形式存在。而现在，美国的"火星侦察轨道器"(MRO)探测到这颗红色星球上存在一些神秘条纹，它们会随着时间而变化，在温暖的春季和夏季形成，并有流动现象，秋季后就消失了。科学家认为这些神秘条纹就是水。

哇！那是什么！
重大发现！！

研究表明这些水很可能是高氯酸盐水。火星上的温度和气压都很低，纯净的水无法以液态形式存在，要么蒸发了，要么被冻成了冰。但如果是盐水的话，冰点就会低于0℃，蒸发速度也会变慢。MRO搭载的红外光谱仪仔细分析了这些水的化学成分，发现确实包含有水分子和盐的晶体结构。

由此可见，火星上的水和我们日常生活中所用的水有很大的差别。火星上的水盐分很高，更重要的是，水中很可能还含有其他不适于人体的矿物质，关于它能不能喝还存在很多未知因素，需要未来更多的探测和分析。

踏足火星不可任性

液态水的发现使得火星上存在生命的可能性大增。然而，未来人类探测器前往火星却需更加谨慎，因为来自地球的生命极易造成对火星的"有害污染"。为此，一个名为空间研究委员会（COSPAR）的国际组织提出了几项重要的保护协议，要求"切实保护可能存在的火星生物圈，防止其遭受来自地球的污染破坏"。所以，你即使有可能登上火星，也要三思而后行，可不能太任性哦。

这个是？

火星上的水——高氯酸盐水

冥王星的那颗"心"是什么？

2015年7月14日，万众瞩目的"新视野号"探测器成功飞掠冥王星。这是人类历史上第一次近距离探视这颗极其遥远的矮行星。

令人惊奇的是，在"新视野号"传回的冥王星高清照片上出现了一个迷人的心形光影。这颗"心"顿时成为冥王星最新的形象标识，同时也激发了各种各样的猜想：大沙漠？陨石坑？这么萌的地形特征，究竟是什么呢？

"明明白白我的心……"

原来你的心里都是"雪"！

"汤博区"中的斯普尼克冰原

这块心形浅色光影横跨约 2000 千米。经过仔细分析,它居然是"雪"!是冥王星上的氮气、一氧化碳或者甲烷凝成的"雪"。因为冥王星远离太阳约 60 亿千米,能够接受的太阳光照极弱,表面温度可低至零下220℃。在这样极端寒冷的环境中,冥王星上的甲烷、氮气以及一氧化碳等常温下的气体都凝成了固态。

为了纪念冥王星的发现者汤博,美国科学家将这个心形区域暂时命名为"汤博区"。

真正的研究才刚刚开始,期待更新的结果吧。

汤博发现冥王星

美国人特别钟情于冥王星,因为它是美国人发现的!

美国天文学家汤博出生于一个贫穷的农户家庭,他没有经过天文专业学习,却从小喜欢用自制的望远镜细致地观测火星和木星,自己绘制观测图。1929 年,汤博因为勤奋而且观测能力出众,被邀请到洛厄尔天文台工作。1930 年 2 月,年仅 24 岁的汤博从多达数十万个星像的照相底片中,发现了一个极其暗弱的移动目标,后被证实为一颗新的行星,即冥王星。2006 年 8 月,国际天文学联合会决议将冥王星重新分类为"矮行星"。

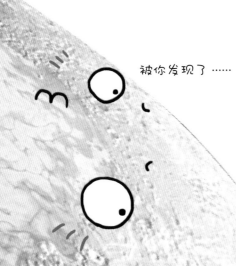

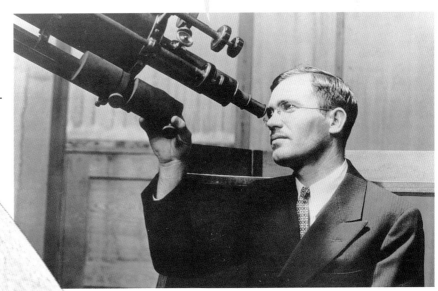

太阳系有多大？！呃……这个……也许……可能……

太阳系到底有多大？

提到太阳系，很多人都会背出八大行星的名字和距离太阳的远近顺序，可是，你知道太阳系到底有多大吗？

这个问题着实不容易回答，因为它取决于你怎样定义太阳系。如果我们简单地把最远的大行星作为太阳系的边界，那么太阳系的半径就是海王星到太阳的距离，约为45亿千米。如果以更远的，但是仍为太阳所控制的实体物质为界，那就可以扩展到柯伊伯带，或者更远的奥尔特云。它们都是关于太阳系外围存在大量冰态天体系统的假说，其中柯伊伯带已经得到证实，其势力范围大约为距太阳45亿~90亿千米的区域，冥王星、阋神星等就是其中的主要天体。

奥尔特云的范围则可能远达10万亿千米，但是因为过于遥远，至今尚未完全证实。再往外，太阳的引力和周围其他恒星相比不占绝对优势，也就不属于太阳系的疆域了。

关于太阳系的边界，还有一种比较实用的定义是日球层顶。太阳发出的高速带电粒子流形成了一个庞大的称为日球层的泡泡结构，可以

我要飞出太阳系啦！

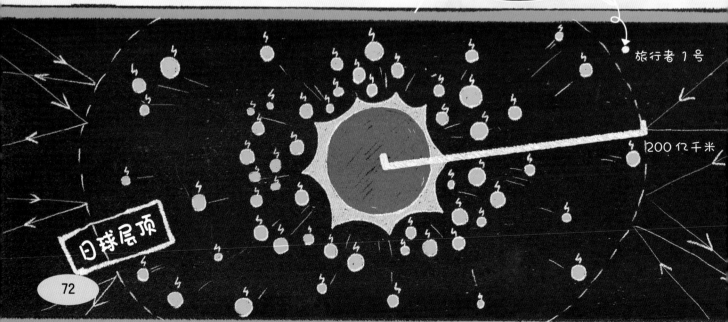

旅行者1号

200亿千米

日球层顶

保护太阳系免受外太空各种高能宇宙射线的侵袭。这个特大泡泡向外延伸到一定距离时，其电磁特性会发生改变而混同于外太空的星际环境，发生这个突变的空间包络层面即被称为日球层顶。它的形状并不是规则的球面，平均半径约为 200 亿千米。

2012 年，美国国家航空航天局发布消息称，"旅行者 1 号"已经飞离太阳系，这里的太阳系就是以日球层顶为边界。实际上"旅行者 1 号"要真正离开太阳引力作用的范围，恐怕还得飞数万年才行。

流星是天上掉下来的星星吗？

你对着流星许过愿吗？晴朗的夜晚，如果我们有机会到没有灯光污染的郊外，耐心地仰望星空，一般都会有机会看到一道亮光划破夜幕，这就是流星。那么流星是不是天上的星星掉下来了呢？

我怎么看不到流星呢？

你在城市里，灯光那么亮，当然看不到啦。要看流星，就要到伸手不见五指的地方去，懂了吗？

祈愿金榜题名

原来，地球周围的太空中"漂浮"着无数大小不一的石块（称为流星体），它们有时候会受地球的吸引，闯入大气层。由于它们通常可以达到每秒几十千米的速度，因此就会和大气分子发生剧烈摩擦，由此升温而发光，这种现象就是"流星"。大多数这样的闯入者都会在大气层中被烧光，但是也有极少数个头较大的流星体还能残留部分躯体落到地面上，就成为"陨石"了。

流星砸穿倒霉蛋的家

2003 年 10 月 7 日，一块陨石像导弹一样击中了位于美国新奥尔良的弗塞特一家的屋顶，接连穿过两道门，最后砸穿地板，陷进了他家的地底。幸运的是，他们全家当时正好外出，逃过了这场"飞来横祸"。

不过，也别太害怕，发生这种极其稀罕的事件的概率低于数十亿分之一，至今还没有报道过有哪个人被陨石直接击中的。

陨石，太空赠予地球的神秘而珍贵的礼物。它们很好地保存了太阳系诞生之初的信息，因此可以通过研究陨石来帮助了解太阳系的演化历史。那么陨石长什么样呢？你知道怎样识别陨石吗？

绝大多数陨石都来自小行星带，也有极少数来自月球或火星。陨石根据其成分可分为石陨石、铁陨石和石铁陨石三大类。其中石陨石的主要成分是硅酸盐，铁陨石的成分是铁镍合金，石铁陨石则是两者的混合物。

陨石在掉落地球表面之前，必定要经历穿越地球大气层而摩擦产生高温的过程，因此其外表都会留下明显的特征。例如，因为高温熔融而在表面形成的一层黑色薄壳，以及波纹状的气印等等。新降落的陨石表面这些特征一般都十分醒目，但是时间久远之后就会因为风化作用而变得不那么明显了。此外，陨石大都含有铁、镍等金属，因此密度较大，而且通常具有磁性。

真正要判定陨石的真假，还得依靠专门的仪器来检测其中的元素组成。因为太空中的陨石本体与地球上的岩石相比，在元素的组成比例上存在很大的差异，这才是识别陨石的重要依据。

木星

水星

地球

金星

小行星带

火星

我们大部分同伴的家乡在这里！

维斯台登纹

　　维斯台登纹是铁陨石特有的结构特征，80%的铁陨石都有维斯台登纹。将铁陨石的抛光切面用含2%浓硝酸的酒精溶液进行腐蚀，就可以清楚地显示出维斯台登纹结构。这种天然形成的美丽纹理很难伪造，因此可以作为鉴别铁陨石的一个重要依据。

哇！它身上的纹身好酷啊！

嘘！那可是陨石大哥特有的纹身！

77

哇！好美啊！真能看到这么多流星？

同一时间用肉眼是看不到这么多流星的，摄影师是把一两个小时内拍摄的流星都叠加在这张照片上才有这个效果哦。

流星雨是流星像下雨一样掉下来吗？

我们经常会看到有关流星雨的新闻，但是极少有人看到大量流星像下雨那样从天上掉下来。是天文学家在骗人吗？当然不是啦，实际上，流星雨只是一种比喻而已。

我们把晚上偶尔看到的流星叫做偶发流星，但是确实也有一些流星会"扎堆"出现，这就是"流星雨"。产生流星雨的颗粒物主要来自彗星。彗星在围绕太阳运转的过程中，会把一些小碎块抛到轨道上，就像忘了加盖的垃圾车，在开车途中洒落一地的垃圾。如果某颗彗星的运行轨道与地球绕太阳运行的轨道相交，地球就会每年经过一次"垃圾堆"，此时就有较多的机会与这些碎块"相撞"，从

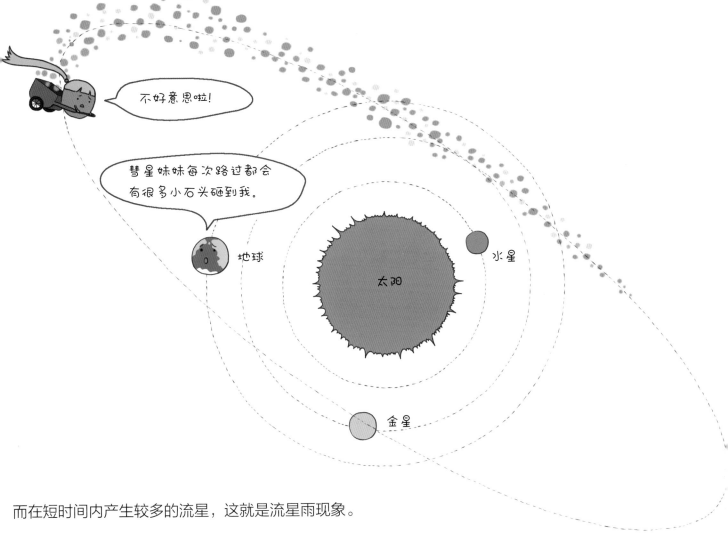

而在短时间内产生较多的流星，这就是流星雨现象。

流星雨和偶发流星的本质差别并不在于数量的多少，而在于是否具有重复发生的规律性。

著名的流星雨	极大期	理论峰值（颗／小时）
象限仪流星雨	1月4日	80～120
英仙座流星雨	8月13日	100～120
狮子座流星雨	11月18日	30～1000+
双子座流星雨	12月14日	120

流星雨之王——狮子座流星雨

　　狮子座流星雨号称"流星雨之王"，历史上有过多次超大规模的爆发。比如1966年被记录到每小时流星数超过10万颗。狮子座流星雨与坦普尔—塔特尔彗星有关，它有大约每隔33年大爆发一次的规律，所以从1998年开始就引发了无数人的期待。连续3年的平淡无奇之后，狮子座流星雨却在2001年大家的热情消退之时再现了王者风采，每小时流星数超过2万颗。那么，"狮子"的下一次"称王"会在何时呢？

小行星真的会撞击地球吗？

灾难大片中常会出现小行星撞地球的场景，这在现实世界里真会发生吗？回答竟然是肯定的！

小行星是数目众多但质量显著小于行星的天体。它们的大小不一，最大的小行星直径可达 1000 千米，而微型的小行星则只有普通的石块大小。小行星也同样绕太阳运动，它们大多数分布于火星和木星的轨道之间。但是也有不少小质量的小行星会途经地球轨道附近，称为"近地小行星"。

如果一颗小行星的轨道与地球轨道相交，它就有撞击地球的可能。事实上，每天都有

许多微型小行星（或称流星体）闯入地球大气层，但它们绝大部分都在穿过大气层时因剧烈摩擦发热而"烧毁"了。所以，微型小行星的数量虽然庞大，但其对地球的危害通常可以忽略不计。而较大的小行星虽然数量

少，撞击地球的概率也很小，但是一旦撞上地球，就会造成小至一个城市，大至全球的灾难。不过，你也不必太担心，因为这样的灾难性事件大约几十万到几百万年才会发生一次。

太傻了吧!

保险单

小行星撞击保险

恐龙大灭绝

你肯定听说过 6500 万年前的恐龙大灭绝事件吧。那么，是什么原因导致恐龙灭绝的呢？目前还没有定论。有些科学家认为，导致恐龙灭绝的"罪魁祸首"是一颗直径约 10 千米的小行星。当年，这颗小行星撞上了地球（撞击点位于墨西哥的尤卡坦半岛附近），撞击引起的超级火山爆发和由此引发的全球性尘埃层导致了地球生态环境的剧变，从而造成了当时的陆上霸主——恐龙的集体灭绝。

疏散星团 NGC290 内的繁星，闪烁着色彩斑斓的美丽光芒，宛如珠宝盒里的珍宝。

咔嚓！

星星有颜色吗？

如果你有观测星空的经验，回想一下，星星有颜色吗？

你可能会说天上的星星就是一些银白的亮点，分不清是什么颜色。但是，实际上星星还是有不同的颜色的，比如著名的心宿二就能明显看出是红色。当然，对于大多数恒星，肉眼确实难以分辨其颜色，其实那是因为我们的视觉细胞对暗弱光线的颜色不敏感。如果我们改用摄影的方法对星空进行长时间曝光，积累足够的光强，就会发现星星们也是色彩缤纷的。

恒星的颜色可以帮助我们判断其表面温度。我们在生活中都有这样的经验，炉火的温度较低时，火焰是红色的，而随着温度越来越高，火焰的颜色会逐渐变成蓝白色。恒星也是一样，温度越高的恒星，

颜色越是偏蓝，而温度越低的恒星，越偏向红色。

通过特定的观测和科学分析，天文学家能准确标定恒星的颜色，进而推断出它们的温度。比如，太阳是一颗橙黄色的恒星，它的表面温度大约为 5700℃，红色的心宿二表面温度只有 3600℃，白色的织女星表面温度则高达 10 000℃。

光谱型的幽默记忆法

哈佛大学天文学家根据恒星的光谱，以温度从高到低为序为恒星进行分类，分别定为 O、B、A、F、G、K、M 各型。对应于从蓝色到红色的各个颜色（太阳是 G 型星）。这个字母序列不太容易记，科学家们就玩了一个浪漫型幽默——记住下面这一句话，注意每个单词的首字母，也就巧妙地记住了这个序列："Oh, Be A Fine Girl, Kiss Me"（哦，做个好姑娘，吻我吧）。

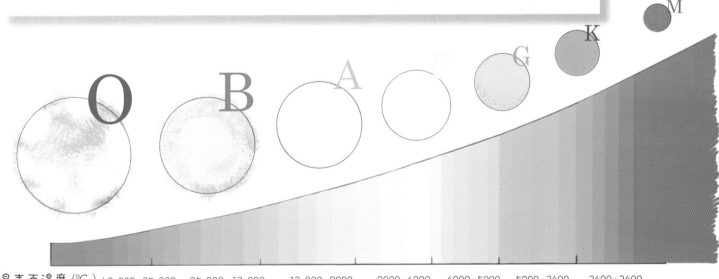

星表面温度（℃）　40 000~25 000　　25 000~12 000　　12 000~7000　　7000~6000　　6000~5000　　5000~3600　　3600~2600

星星为什么看上去一闪一闪的？

如果你喜欢观星，一定会注意到天上的星星好像一直在"眨眼"，看上去一闪一闪的，为什么会这样呢？

引起星星"眨眼"的原因是地球的大气。地球的大气层厚约1000千米，它保护我们免受各种宇宙线的伤害，也遮挡了部分星光。同时，由于大气温差和其他各种原因，大气中始终存在着不同程度的扰动，越靠近地面的大气扰动越厉害，星光经过大气时受到折射和减光的程度随着扰动也一直在变化，看起来就有一闪一闪的感觉了。

一闪一闪的星空好迷人。

看！北斗七星！

正在观测的欧洲南方天文台甚大望远镜，一道激光射向天际，正是为了消除大气扰动的影响，获得优良的成像

对于一般的观星，星光的闪烁没什么影响，还具有一些浪漫色彩。但是对于天文研究来说，扰动和闪烁就会严重影响观测，成像因而变得模糊不清。聪明的天文学家为解决这个问题想了很多办法，比如把望远镜安置在高山或高原上，那里空气稀薄，大气扰动会有明显改善。还有一种名为"自适应光学"的先进技术：在观测星象的同时发射激光，在天空中制造一个人造星点，通过观测这个星点的变化来获取大气的扰动信息，然后实时地微调望远镜的镜面，把扰动的影响去除掉，这样就可以显著改善成像质量。

到太空去

要克服大气扰动的影响，最直接的方法就是到太空中去，彻底摆脱大气层。著名的哈勃空间望远镜于 1990 年升空，它的口径（2.4 米）并非最大，却因为有完美的观测环境，其成像的清晰度超越了当时所有的地基大型望远镜，并以累累硕果成就了人类探索宇宙的一座丰碑。

太阳未来会变成黑洞吗？

看这里！这个就是螺旋星云（NGC7293），美丽的行星状星云，太阳死亡之后向外抛出的星云与此相似。

很多人喜欢谈论黑洞，也有人听说黑洞是恒星死亡的结局，于是就很关心：太阳未来会变成黑洞吗？地球也会被吸进去吗？

不用担心，地球不会被吸进去的，因为太阳根本就不会变成黑洞。听故事的人肯定是粗心少听了几个字，黑洞应该是特大质量恒星死亡后的归宿。太阳在恒星世界里只能算是个"小弟弟"，还不具备变成黑洞的资格。

天文学家们已经掌握了恒星演化的规律，知道是质量决定着恒星的最终命运。数十倍于太阳质量的恒星才会在一次特别猛烈的超新星爆发之后演变成黑洞。而像太阳这种小质量的恒星甚至连超新星爆发都不会发生。

太阳将在大约 50 亿年后迎来其生命的终结：先是膨胀成一颗巨大的红巨星，进而任性地将大量的外层物质抛洒到周围空间，形成美丽的行星状星云。太阳残存的本体则高度收缩成一颗超致密的白矮星。"白"色表明其有超高的表面温度，可以超过 1 万摄氏度，"矮"则表示它的总发光能力不强。而且，白矮星的体积极小，大约只和地球相当，但质量却仍是地球的几十万倍，因此密度高达每立方厘米 10 吨。由于白矮星内部不再产生新能量，因此将经历一个极其缓慢的降温过程，最后变成一颗冷冰冰的黑矮星。

摇摆的天狼星

天狼星是天空中除太阳之外最亮的恒星。1844 年，德国天文学家贝塞尔发现它的运动呈现出周期性的微小摆动，从而推断天狼星应该有一颗伴星。1862 年，美国人克拉克用他自制的当时口径最大（47 厘米）的折射望远镜最先发现了它。后来经过仔细研究，这颗名为天狼 B 星的伴星被确认为人类发现的第一颗白矮星。

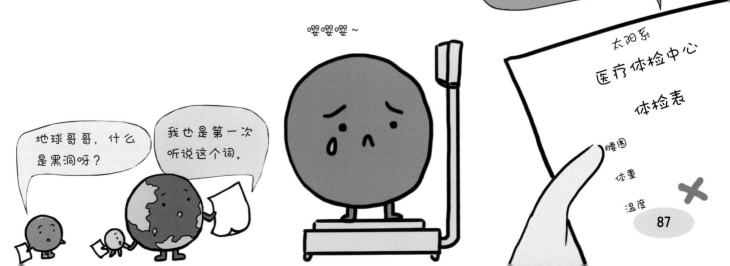

87

银河是天上的河吗？

晴朗的夜晚，在没有光污染的地方，可以看到天上有一条云雾状的光带横跨天空。中国古代把它形容成一条流淌在天上的银色河流——银河，西方人则传说它是天后赫拉喷出的乳汁形成的——"乳之路"。

银河当然不是河流，更不是乳汁。直到 1610 年，意大利科学家伽利略将他的望远镜指向银河，才惊奇地发现它可以分解为无数颗暗淡的星星。后来的研究进一步确认这是一个庞大的天体系统，称为银河系，我们的太阳就置身其中。

太阳

我距银河系中心 3 万光年。

"盘"的中央区域是一个棒状的隆起，而其最中心处则拥有一个超大质量的黑洞。

现在我们确切地知道，银河系是一个直径约 10 万光年的巨大的扁盘型结构，包含大约 2000 亿颗恒星、数万个星团，还有各种星际气体和尘埃。"盘"的中央区域是一个棒状的隆起，而其最中心处则拥有一个超大质量的黑洞。

如果置身于"盘面"向外环视，整个银河系就呈现为环绕天空一周的发光带状物。夏季的夜晚，我们的头顶指向银河系的中心方向，因而银河比较明显，而冬季则相反，我们更容易看到比较暗淡的银河系的边缘。

星云还是星系？

人类很早就在天空中发现了一些模糊的天体，当时把它们通称为星云。天文学家早先大多认为星云是银河系内部的成员。直到 20 世纪 20 年代，美国天文学家哈勃使用大型望远镜在仙女座星云（M31）中证认出了一颗造父变星，并估算出其距离远远超过了银河系的大小，才终于使天文学家们确认"天外有天"。

天文学家后来发现，相当多的星云，例如仙女座星云、涡状星云(M51)等，其实都是银河系外庞大的天体系统，称为河外星系，所以这些星云也便改名为仙女星系、涡状星系，等等。

肉眼能看到的最远的星星是哪一颗？

绿框所标出的就是仙女星系。

β

δ

α

仙女星系是人类肉眼能够看到的最遥远的天体。

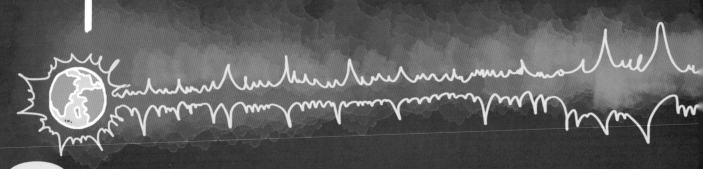

一颗恒星在多远处还能被肉眼看见，取决于它本身的发光本领有多大，肉眼能看到的最远的恒星应该是发光本领很强而看起来又非常暗弱的。有一颗名为仙后座 ρ（中文名为螣蛇十二）的恒星，是一颗黄特超巨星，据估计其自身的发光强度是太阳的 35 万 ~ 65 万倍。所以，虽然它远在大约 1.2 万光年之外，视星等仍能达到 4.5 等，肉眼可见。此外，如果考虑到恒星自身的光强会发生变化，那么，仙后座里还有一颗距离地球约 1.5 万光年的变星（名为 V762），在其最亮的时候，视星等为 5.8 等，略亮于人眼视力的极限（6 等）。虽然在这么远的地方，恒星距离的估算误差很大，但这两颗星确实可以算作是肉眼可见最远恒星的代表了。

如果我们把讨论的范围扩大到一般的天体，而不特指恒星，那么我们用肉眼能看到的最遥远的天体，当属仙女星系，这个庞大的系统包含了数千亿颗肉眼无法分辨的恒星，它们累积的亮度为 3.4 星等，距离地球约 250 万光年，远远超出了你的想象。

你比我亮 35 万 ~ 65 万倍！我甘拜下风！

螣蛇十二　　　太阳

短暂可见的遥远闪光

肉眼能看到的单颗恒星理应在我们的银河系内。但是特殊情况下，河外星系中的单颗恒星的爆发性发光也能被我们看到。例如 1987 年爆发于大麦哲伦星云的超新星 SN1987A，距离地球 16.8 万光年，最亮视星等达到 3 等。

2008 年 3 月 19 日的 γ 射线暴源 GRB 080319B，视星等最亮时达 5.8 等，距离地球约 75 亿光年！大大刷新了肉眼可见最远天体的纪录。不过理论上其肉眼可见的时间仅持续了半分钟，很可能没有人真正用肉眼看到过它。

16.8 万光年

超新星 SN1987A

星云为什么那么美？

星云，顾名思义就是星空中的云雾状天体，其主要形式是弥漫星云，由大片的星际气体和尘埃构成。各种星云形态各异，颜色多变，常常给人以惊艳之感。

有些星云中会诞生大量的恒星，星光使得附近的氢气电离，特殊的物理过程使这些星云发出美丽的红光，称为发射星云。

有些星云本身不发光，但会反射周围明亮恒星的星光，呈现为蓝色的反射星云。

有一种星云被称为行星状星云，因其在小望远镜中看似行星而得名。实际上则是小质量恒星晚年从红巨星演变成白矮星时抛出的气体形成的。著名的行星状星云有猫眼星云、哑铃星云等。

还有一种星云是大质量的恒星发生超新星爆发后，大量物质被抛射出来而形成的，又称为超新星遗迹，其规模比行星状星云大很多。这种星云的中心通常都会有一个超高密度的天体，例如中子星、黑洞。金牛座的蟹状星云就是此类星云的一个著名的例子。

仙后座 A 超新星遗迹

哑铃星云（M27）

还有一些暗星云既不发光也不反光，但因遮挡了作为背景的星光而以剪影的形式为我们所了解。

梅西叶天体

18世纪的法国天文学家梅西叶为了寻找彗星，把易与彗星混淆的模糊天体都编成了列表。这份列表成了历史上第一份详实的星云和星团目录，经补充后共收录了大约110个天体。这份列表中的天体既有星云、星团，也有遥远的星系，均以首字母 M 和序号作为简称，例如 M1（蟹状星云）、M27（哑铃星云）等。

其他恒星周围
也有行星吗？

系外行星的事儿要问我的
好朋友——开普勒望远镜！

凌星现象

天文学家早就猜测，除了太阳，其他恒星的周围应该也有类似太阳系一样的行星系统。不过，行星是如此暗弱，在强烈的"阳光"下，要想直接探测到它们几无可能。然而，天文学家却宣称发现了众多其他恒星周围的行星，并将之统称为系外行星。他们是怎样完成这项看似不可能的工作的呢？

第一个重要线索来自引力。恒星通过引力控制着行星的运动，然而行星的引力同样也会影响恒星，使恒星的运动发生有规律的摆动。虽然这种摆动极其微弱，但是通过精密的测量，天文学家可以检测出恒星光谱中一些特征谱线的周期性变化，然后利用一种名为"多普勒效应"的物理原理，计算出恒星运动的摆动周期和幅度，一举"揪出"幕后隐藏的行星。

另一种办法是利用行星遮挡恒星星光的"凌星"现象。如果一颗行星正好在我们的视线方向上从它所围绕运行的恒星面前经过，这颗恒星就会因部分被遮挡而"变暗"。我们无法直接看到这颗行星，但是从恒星亮度的规律性变化却可以推断出这颗行星的存在。天文学家针对这种"凌星"现象，设计并发射了开普勒空间望远镜。不负众望，"开普勒"迄今已经发现了1000多颗系外行星。

天文学家就像一个个高明的侦探，虽然看不到"罪犯"，却能通过蛛丝马迹抓住他们。1995年10月，距地球50光年的飞马座51b成为第一颗被证实为环绕恒星运行的系外行星。此后20年来，科学家们已经通过各种手段发现了2000多颗系外行星，并且这一记录还在快速地被刷新。

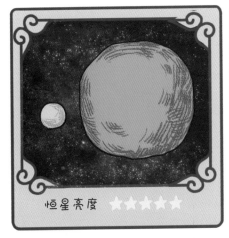

恒星亮度 ★★★★★

恒星亮度 ★★★

恒星亮度 ★★★★★

是否还有另一个地球？

追踪地外生命、寻找太空移民基地……尽管生机盎然的地球在宇宙中像个美丽的意外，但不甘孤独的人类却从未停止过"寻亲"的脚步。

适宜的温度、成分合理的大气、液态水……一颗行星必须满足众多苛刻的条件才有可能成为另一个地球。在这些条件中，最重要的一个条件是要"体态"适中。太"瘦"的行星，其引力不足以留住大气层；太"胖"的行星，则往往是像木星一样的气态巨行星，没有由岩石组成的固态表面。另外，磁场也非常重要，可以保护生命免受宇宙射线的致命辐射。

地球之所以如此"宜居"，是因为它刚好处于被称为"宜居带"的绝佳位置。地球到太阳的距离不近也不远。如果太近就会被"烤"得太热，如果太远又会成为冰冻的世界。舒适的温度可以使水以液态形式存在，生命因此而繁荣。恒星的质量和年龄不同，其宜居带的宽窄和远近也不同。对于寻找"另一个地球"的天文学家来说，遥远恒星周围的宜居带中极有可能潜藏着令人兴奋的发现。

越来越像的"远亲"

2015 年夏天，美国国家航空航天局在一场赚足眼球的发布会上再次宣称发现了"另一个地球"，它的名字叫开普勒-452b。这颗行星的直径为地球的 1.5 倍，环绕着一颗与太阳非常相似的恒星运行，位于这颗恒星的宜居带中。事实上，在过去的 20 年里，天文学家已经发现了十几颗与地球相似的宜居带行星。猜猜看，再过多久，我们会找到另一颗更像地球的系外行星？

宇宙中还有其他的生命吗?

我们是宇宙中孤独的"唯一"吗?正如美国天文学家卡尔·萨根所说:"如果宇宙中只有我们,那真是太浪费空间了!"

在寻找"他们"之前,先看看"我们"自己。地球人显然是我们目前已知最成功的生命范例。地球上的生命是由以碳元素为基础的有机物组成的,它们直接或间接地从太阳光中获取能量,并且依靠液态水进行新陈代谢。然而,如果你有机会看到黑暗、缺氧、高温,甚至有毒的海底世界中依然存在众多奇特的生命,就会相信,"他们"的样子很可能远远超乎我们的想象:以硅元素为基础、吃甲烷为生、耐高温……各种奇特的生命形态都有可能在宇宙的某个地方繁衍生息。

宇宙那么大,天体那么多,仅仅我们所在的银河系中就有数千万与太阳相似的恒星,其中拥有行星系统甚至拥有类地行星的恒星更是不断被发现。虽然目前还没有发现哪一颗行星适合"我们"这样的生命生存,但是,鉴于我们目前的探索范围还极其有限,谁敢断言浩瀚的宇宙中就没有其他的生命存在呢?

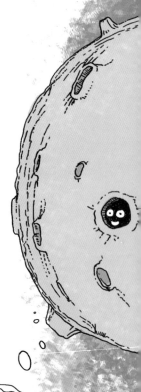

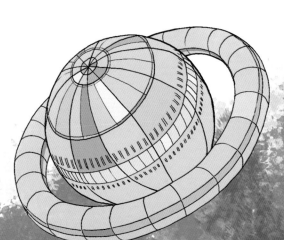

海底探测发现，在一些暗无天日且不断喷出炽热有毒液体的海底"黑烟囱"附近，照样存在各种奇特的生命形式。

银河系中可能建立通讯联系的文明的数量。

银河系中每年诞生恒星的速率。

这些行星可能发展出生命的占比。

这些智慧生命中可能拥有星际通讯能力的占比。

$$N = R* \times Fp \times Ne \times Fl \times Fi \times Fc \times L$$

拥有行星的恒星占比。

这些恒星拥有宜居行星的数量。

其中可能变成智慧生命的占比。

能够持续进行星际通讯的平均寿命时间。

德雷克公式

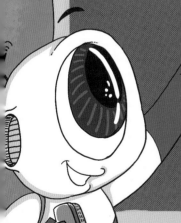

外星人来过地球吗？

百慕大三角、麦田圈、古代神秘建筑、疑似外星人尸体……你一定听过不少有关外星人的传闻吧，那么，真的有外星人来过地球吗？

首先看现在，如果真有外星人来访，那该是多么令人兴奋啊！可惜到目前为止，科学界的共识依然是，没有任何可靠证据表明外星人正在造访地球。许多一度被传得沸沸扬扬的外星人事件都已得到了合理的解释，有些根本就是骗局或是恶作剧。有些阴谋论者始终坚持认为是政府在掩盖外星人的秘密。然而，只要你对实现星际航行的困难之大稍有了解，就会明白外星人需要多么发达的科技水平才能来到地球！面对如此强大的外星人，你相信地球上的政府能控制得了他们的秘密吗？

那么过去呢，考古发掘的确发现了许多神秘的古代遗迹，虽然不能绝对排除外星人所为的可能性，但也没有找到外星人来过地球的确凿证据。我们对大自然和古代文明的了解还非常有限，凭什么非得引入"无所不能"的外星人，

@# ￥%%& （） ） （**&…………
（*&……% ￥% ？ &*% ￥ …
#@@%%……& （（）："》？（你好，
请问这里是地球吗？）

而去否认古人的伟大创造力呢？

　　未来呢？哈哈，一切皆有可能。谁能断言没有一艘外星飞船正在飞向我们呢？然而，在他们还没到达之前，还是先干好我们自己的事吧。

麦田圈恶作剧

　　20世纪80年代，令人难以置信的巨大怪圈屡屡出现在英国人的一些麦田里，后来世界各地也陆续出现了更多麦田怪圈，一时被盛传为是外星人的杰作。1991年，英国人鲍尔和乔利公开宣布是他们制造了麦田圈恶作剧，并当场做了表演。世界各地的其他麦田圈其实也都是一些地球上的怪才所为，他们试图把麦田圈作为显示其创造力的试验场。

UFO 是外星人飞船吗？

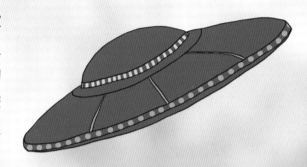

我们经常会看到关于 UFO 的报道，在一些人心目中，UFO 也许就是神秘的外星人飞船。天文学家常会被人追问：你认为 UFO 存在吗？其实，UFO 只是"Unidentified Flying Object"（不明飞行物）的首字母缩写，只要是目击者无法辨识、无法确认的空中飞行物，都可称之为 UFO——即便是夜空中一只随风飘荡的塑料袋，在被人看清之前都属于 UFO。

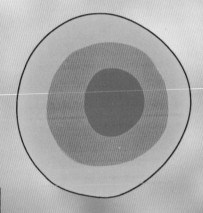

大多数 UFO 事件都已可以作出科学的解释，如行星、彗星、球状闪电、大群飞虫、飞机尾迹、火箭残骸、夜光风筝等自然或人造物体，只是因目击者不了解而"少见多怪"。当然，也确实存在一些难解的现象，有的是由于观测信息过于模糊而无法判别，有些则属于秘密的军事试验或科学实验而无法证实，也有一些所谓的神奇遭遇根本就是编造出来的骗局！

一些火箭发射时拉出的尾烟经常被远距离的无经验观测者误以为是 UFO

科学告诉我们，至今没有任何可靠证据表明外星人正在造访地球。请务必牢记：UFO ≠ 外星人！你可以对 UFO 的来历做各种分析或猜测，但是你也需要知道，在无数可能的解释中，外星人是最不靠谱的一种。

飞机还是 UFO？

2012 年 9 月 17 日，在内蒙古自治区鄂尔多斯市，有人看到空中有不明飞行物并拍下了照片。目击者称，该物体呈线条状，金黄色，缓慢向西移动。后经证实，这个所谓的 UFO 其实就是一架民航客机，由于高空气温很低，飞机排放的尾流凝结形成云雾，俗称"飞机拉烟"，在黄昏的太阳照射下会呈现金黄色。这种现象其实并不罕见，只是公众平时不大注意而已。

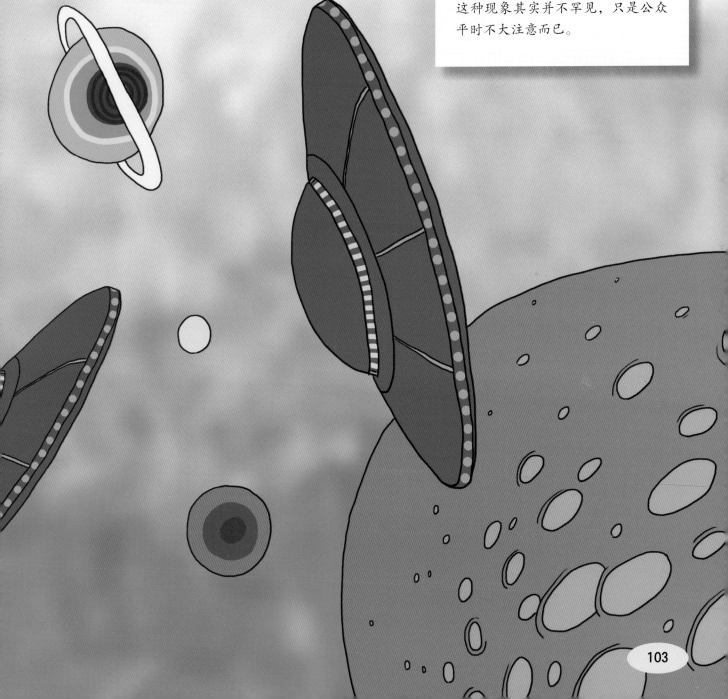

星星距离我们有多远？

　　遥望星空，大家都能感受到星星距离我们非常非常遥远，但是究竟有多远呢？星星与我们的距离之远，远远超出你的想象，而且它们虽然看起来都位于天穹上，实际上却是远近相差悬殊。那么，我们又是怎样知道它们与地球之间的距离的呢？

　　离我们最近的月球、金星等，可以直接用雷达测距或激光测距法来精确测定它们的距离。对于太阳和其他行星，则要综合应用几个天体之间的几何关系和运动周期，通过开普勒运动定律来推算它们的距离，从月球的 38.4 万千米，到海王星的45 亿千米不等。

　　至于太阳系之外的恒星，距离就远得多了，即使是离我们最近的比邻星，到太阳也有 4.2 光年。对于相对比较近的恒星，可以用"三角视差法"来测距。由于地球绕日公转，观测者到待测量恒星的视线方向会随着时间而发生变化，这种变化是有规律的，利用几何学知识就可以推算出恒星的距离。

　　对于更远的天体，三角视差法的误差太大，这就需要改用

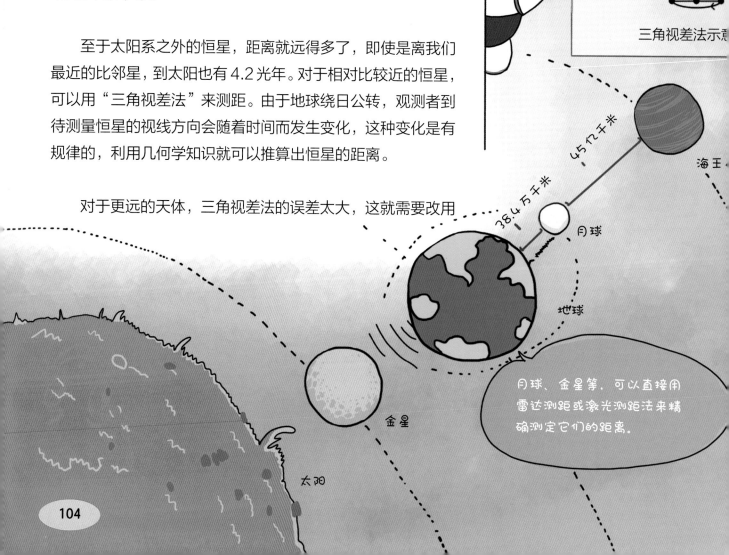

遥远的星星

近星视差

视差角

地球公转轨道

三角视差法示意

45亿千米

海王

38.4万千米

月球

地球

金星

太阳

月球、金星等，可以直接用雷达测距或激光测距法来精确测定它们的距离。

较远的天体该如何测距呢？

别的方法，其中最常用的是"光度测距法"。天体本身拥有的发光本领称为光度，观测者看到的天体明暗程度称为亮度。同样光度的天体，距离越远，亮度就越暗，光度—距离—亮度三者之间存在确定的关系。光度测距的基本原理是，利用某些物理规律估计一些特殊天体的光度，然后再测量它们的亮度，即可推算出这些天体的距离。

除光度测距法外，天文学家还找到了许多别的、非常巧妙的方法来测定远方天体的距离，可测量的天体距离最远已达130亿光年。

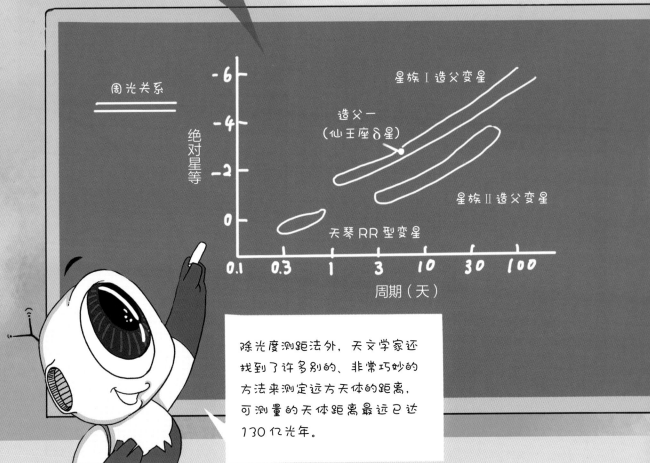

周光关系

绝对星等

星族 I 造父变星
造父一
（仙王座δ星）
星族 II 造父变星
天琴 RR 型变星

周期（天）

除光度测距法外，天文学家还找到了许多别的、非常巧妙的方法来测定远方天体的距离，可测量的天体距离最远已达130亿光年。

解答"太阳究竟有多大"题中题

最近的恒星将位于约30千米之外的地方（比如：浦东国际机场）！看看你猜的偏差有多大？

恒星爆炸后会怎么样？

　　恒星也会爆炸吗？星空观测者偶尔会发现天上某个地方突然出现了一颗新的亮星，这就是宇宙间最绚烂的焰火，大质量恒星走向灭亡之前的辉煌演出——超新星爆发。

　　什么是超新星？简言之就是大质量恒星在生命晚期，因整体坍缩而发生的猛烈爆发现象。那颗亮星并不是凭空出现的，只是原来比较暗，甚至肉眼不可见，现在突然变亮了。超新星爆发可以让恒星的亮度在短时间内变亮 17 个星等或更亮，这相当于一颗原本肉眼勉强可见的暗星，短时间内变得比金星还亮，甚至白天都能看到。

　　当一颗恒星核心的核燃料耗尽，走向生命尽头时，一般都会先变成红巨星或超巨星，同时向外抛出大量的外层物质。此后，小质量的恒星会演化成白矮星，大质量的恒星则会发生超新星爆发。爆发之后又有两种结局：如果恒星残骸的质量大于 1.4 倍而小于 3 倍太阳质量，它会演变为中子星，也就是一颗完全由中子组成的、密度比白矮星还要高得多的极致密天体；如果恒星残骸的质量超过 3 倍太阳质量，则强烈的引力坍缩最终会使其演变成一个黑洞。

天关客星与蟹状星云

蟹状星云是最著名的超新星遗迹。据宋代的文献《宋会要》记载，1054年突然出现了一颗连白天都能看见的极亮的星星，当时称之为"天关客星"。现代天文学家经过对蟹状星云膨胀速度的分析，确认上述所记载的天象就是一次超新星爆发，蟹状星云则是那次爆发事件中被抛射出来的气体云。由于我们的祖先提供了唯一一份描述这颗超新星从出现到消失全过程的记录，因而这颗超新星又被称为"中国超新星"。

"临死"前狂暴的恒星

哎呀！怎么肿成这样啦～～

红巨星

抛掉外壳后残余质量超过3倍太阳质量的恒星

抛掉外壳后残余质量大于1.4倍而小于3倍太阳质量的恒星

小质量的恒星（比如太阳）

黑洞

白矮星，你的密度敢和我比，真是不自量力！

中子星

别小看我，重着呢！

白矮星

方糖大的白矮星物质

一颗方糖大的白矮星物质的质量与一辆中型卡车的质量相当。

啊！大星系撞车啦！

天上的星星会不会互相碰撞？

天上的星星会不会相撞呢？其实，天体间的碰撞无时不在。地球周围各种小个头的太空石块四处游逛，撞击地球的可能性时刻存在，好在我们有大气层的保护。晚上看到的流星，就是太空中的小碎块闯入大气层时造成的现象。太阳系里的大天体，如行星、卫星以及质量较大的小行星都在确定的轨道上运行，不会相撞，我们大可放心。

恒星和恒星之间呢？由于恒星彼此之间的距离极其遥远，所以它们发生互相碰撞的可能性非常之小，至今还没有观察到哪两颗恒星发生直接碰撞的事件。

天文学家还经常会说起星系与星系碰撞的故事。两个星系彼此靠近时，强大的引力相互作用会改变星系中的物质分布和运动状态，导致两个星系的形态发生扭曲，看起来就像是发生了星系碰撞。有些星系的确是相互交汇在了一起，但是真正发生碰撞的物质是散布在恒星际空间里的气体和尘埃，恒星和恒星之间直接碰撞的可能性还是非常之低，或者说实际上不可能发生。

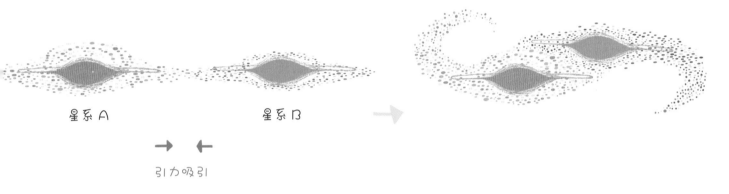

星系A 星系B

→ ←

引力吸引

彗木相撞

　　1994年7月，苏梅克—列维9号彗星撞击木星，这是人类首次直接观测到太阳系内的天体相撞事件。如果这颗彗星撞到地球上，地球上的生命可能会全部毁灭。

仙女星系与银河系的大冲撞

　　银河系和仙女星系正在彼此靠近之中，预计30亿年后，这两个巨星系会出现近距离大冲撞的情形。图为两个星系碰撞的夜空效果想象图。

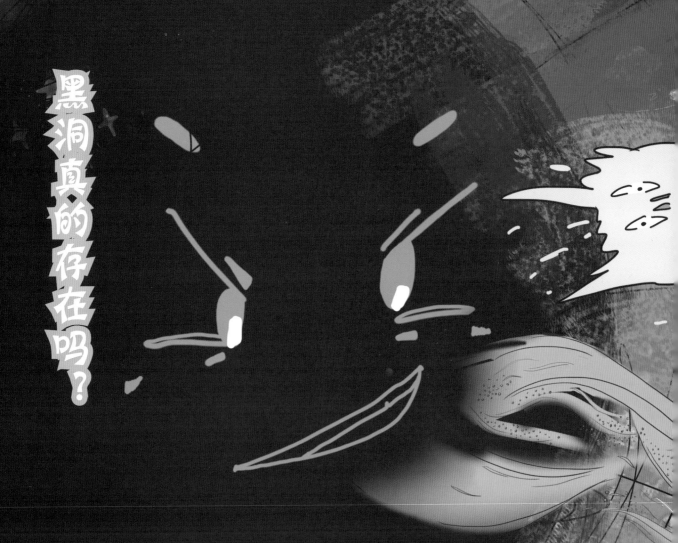

黑洞真的存在吗？

　　黑洞，真是一个黑色的洞吗？当然没那么简单。说它"黑"倒是没错，因为那里真的没有一点儿光，但是说它是一个"洞"，它却不是真的空洞。实际上，有些黑洞所包含的物质多得吓人，而且密度极高，正是因为在极小的区域内聚集了极高密度的物质，所以就连这个世界上速度最快的光子也逃不出来，"黑洞"便因此而得名。黑洞的特点就是"只进不出"，任何经过它附近的物质都会被它吸进去，而它肚子里的东西却再也出不来。

　　科学家早就预言了黑洞的存在，但是黑洞既然不发光，我们又如何知道它是不是真的存在呢？

　　这难不倒聪明的科学家。他们知道，黑洞本身虽然不可见，

黑洞太厉害了，吓坏我了，不敢看……

黑洞吸积盘及喷流

但是在黑洞"吞食"周边物质的过程中，被吸积物质会在黑洞的外围形成一个"盘"，"盘"中的气体在高速旋转着飞向黑洞中心时，彼此发生强烈的碰撞和摩擦，就会发出高能辐射。另外，黑洞的超强引力也会使得比较靠近它的恒星表现出异常的运行轨道。正是靠着对这些蛛丝马迹的细致观察和分析，科学家现在已经有充分的把握认准了一些黑洞。

啊呀！快来救救我呀！

银河系中心也有黑洞

恒星演化理论预测，比太阳大几十倍的恒星死亡后就会形成黑洞，实际上也确实找到了这类"恒星级"黑洞。令人诧异的是，天文学家通过仔细分析银河系中心附近一些恒星的运动轨迹，推算出其正中心很小的空间范围里竟然存在一个约为 400 万个太阳质量（就是这么任性！）的隐身巨型天体，这个天体最大的可能就是黑洞。这种超大质量黑洞究竟是怎么产生的，至今还是未解之谜。

虫洞是否真的存在？

如果你看过电影《星际穿越》，那么你肯定很想知道，电影中作为时空穿越隧道的"虫洞"是否真的存在？

1915 年，爱因斯坦提出了广义相对论并取得了巨大的成功。1935 年，爱因斯坦和他的助手罗森发现，在他们推导出的一个时空模型中，存在一个被后人称为"爱因斯坦—罗森桥"的时空通道，它可以连接两个不同的宇宙，但是只有超光速运动的物体才能通过该通道。然而，相对论的基本假设是禁止超光速运动的，于是这个模型就成了一个没有物理意义的数学模型。

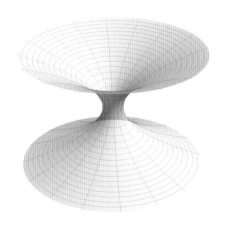

爱因斯坦 — 罗森桥示意图

哎呀～
是黑洞！

1957 年，美国物理学家惠勒首次提出"虫洞"的概念，用来形象地描述这种玄妙的时空通道——犹如一条蛀虫在苹果中咬穿一个有两个开口的长条形蛀洞。他所研究的虫洞是两个开口位于同一个宇宙内的虫洞，但仍然是不可穿越的。

电影《星际穿越》为了剧情效果而应用了"虫洞"的概念，而实际上，虫洞至今还只是数学意义上的通道，并无物理上对应的实体，至少到目前为止尚未能通过实测来证实其存在。

宇宙三"洞"

这是……哪里呀？

白洞

宇宙三"洞"

关心宇宙的人，多半听说过黑洞、白洞和虫洞。这种"洞"都是从高深莫测的数学理论中推导出来的。黑洞的特点是"只进不出"，白洞的特点是"只出不进"，虫洞则是连接任意两处的"时空通道"。三类"洞"都充满了神秘色彩，但是在现实世界中，只有黑洞已被证实是真实存在的，白洞和虫洞目前也许都还只能算是数学游戏而已。

黑洞

虫洞

宇宙的外面是什么？

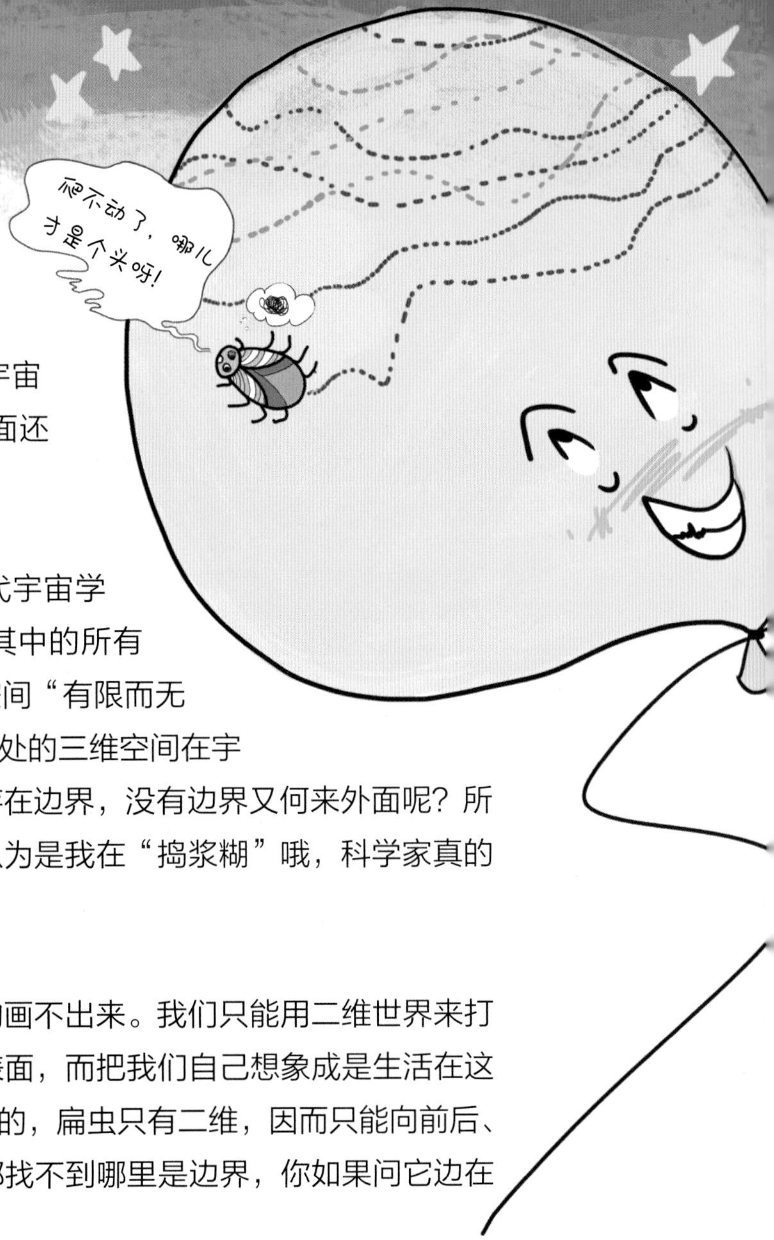

爬不动了，哪儿才是个头呀！

宇宙已经是我们已知最大的东西了，宇宙是那么巨大，它已包罗万物，那么它的外面还有什么呢？

首先要声明，我们这里说的宇宙是现代宇宙学所定义的宇宙，也就是空间和时间，以及其中的所有物质和能量。现代宇宙学理论认为，宇宙空间"有限而无边"。爱因斯坦的广义相对论指出，我们所处的三维空间在宇宙大尺度上是弯曲的！宇宙本身根本就不存在边界，没有边界又何来外面呢？所以，哈哈，这个问题本身没有意义。可别以为是我在"捣浆糊"哦，科学家真的就是这么看待这个问题的。

抱歉的是，这个空间弯曲的图示还真的画不出来。我们只能用二维世界来打比方。请把宇宙想象成一个超级大气球的表面，而把我们自己想象成是生活在这个表面上的二维扁虫。这个二维空间是弯曲的，扁虫只有二维，因而只能向前后、左右运动。无论扁虫在球面上怎么爬，它都找不到哪里是边界，你如果问它边在哪里，它估计会发疯。

现在，想象一下我们所在的三维弯曲空间吧，它的边在哪里？哪天当你变成了四维生物的时候，你就知道了。

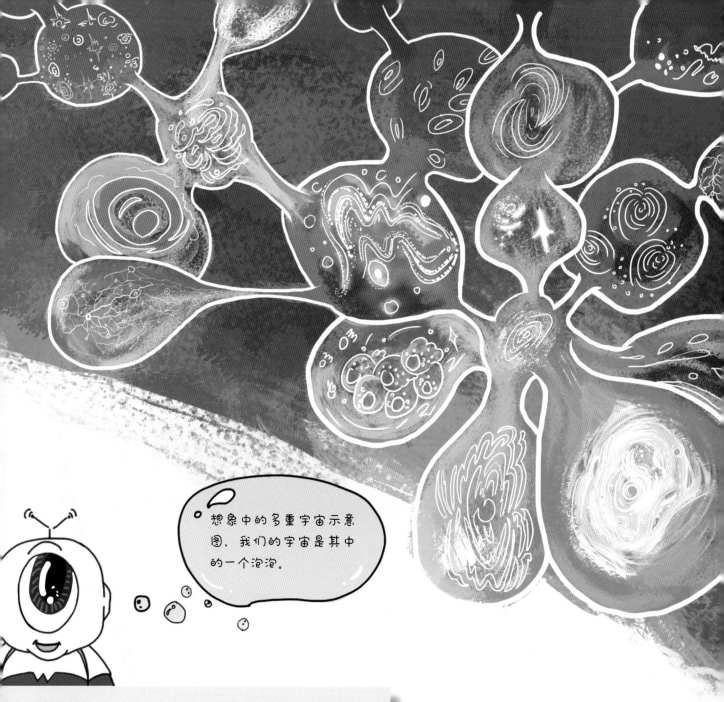

想象中的多重宇宙示意图，我们的宇宙是其中的一个泡泡。

多重宇宙

　　多重宇宙也许是好奇心特强的人士用来开发脑洞的一种途径。他们认为宇宙之外还存在高维的世界，那么在高维生物看来，就可能存在许多不同的宇宙，就像我们可以看到各种不同的二维球面一样。在这种假设下，宇宙的外面就是其他的宇宙。当然，多重宇宙至今还只是一种猜想，没有人知道宇宙的外面是不是还有其他的宇宙。

宇宙真的产生于大爆炸吗？

宇宙大爆炸假说是现代宇宙学中影响最大的一种宇宙创生和演化学说。

这一理论认为，大约137亿年前，宇宙曾经完全集中于一个极高温、极高密度的奇点中。由于某种未知的原因，无限小的奇点突然开始膨胀，这就是宇宙大爆炸。注意，这个大爆炸并非普通意义上的爆炸，而是整个时空"无中生有"地诞生出来，在这之前，没有时间，也没有空间。

宇宙诞生的极早期，只有光子和最基本的夸克、胶子之类的粒子。随着宇宙膨胀，温度逐渐下降，大约38万年后才开始形成氢、氦等较轻的原子，此后慢慢地聚集形成早期的恒星和星系，并演化成我们今天所看到的五彩缤纷的大千世界。

这个假说听起来有些不可思议，因此刚提出的时候反对声很大，至今也仍有一些科学家不喜欢它。然而，它的主要推论都得到了观测证据的支持，例如：宇宙的膨胀，宇宙微波背景辐射，以及宇宙中氢、氦等元素在所有元素中所占的比例等，这些构成了它难以撼动的坚实基础。

迄今为止，大爆炸理论能够解释最多的观测事实，你不服还真不行。

反对派给起的名字

你知道吗？"大爆炸"理论的名称居然是它的反对派提出的！美国天文学家伽莫夫于1946年正式提出了现代大爆炸假说。1949年，他的铁杆反对派、坚持"稳恒态宇宙论"的英国天文学家霍伊尔等人在BBC的一次电视节目中调侃说，难道宇宙诞生就像是"大爆炸"（big bang，英文意为"巨大的砰的一声"）一样吗？有趣的是，大爆炸理论的粉丝们居然高兴地接受了这个有趣的称呼，并一直沿用至今。

我可不同意他的观点。

伽莫夫

我们能回到过去吗？

爱看动画片《哆啦A梦》的朋友，一定都挺羡慕哆啦A梦可以乘上时光机，任意穿梭于过去和未来吧。那么，在现实世界中，时间旅行可行吗？能否打开一个回到过去的通道，或找到通向未来的捷径？

揭示时间和空间之奥秘最成功的理论当推爱因斯坦的相对论，100年来，这一理论经受了众多的考验，已成为现代科学的重要基础。根据相对论，要实现时间倒转，就必须存在超光速的运动。然而光速是自然界中一切运动速度的极限，这是相对论的基本假设，所以时间旅行也就是不可能的。

另一方面，回到过去从逻辑上讲也很荒谬。比如在著名的"祖父佯谬"中，某人用某种方式回到了过去，却不小心杀死了尚在幼年的他的祖父。那么问题就来了，这个事件堵了他老爸的生路，那么他还能出世吗？既然他已经出世，又怎么可能回到过去杀死他的祖父呢？可见，一旦实现了时间旅行，就必然会出现许多类似的颠倒因果关系的逻辑悖论。

渴望回到过去的人，似乎也只能依靠想象的翅膀了。

光速 + 光速 = 光速？

　　光速无法超越？有些聪明人想到了这样一个反驳的例子。想象我们从一艘以光速飞行的飞船上射出一束光，那么这个光束的速度岂不就是：光速 + 光速 = 2 倍光速，不就超过了光速吗？然而，按照相对论揭示的秘密，速度的叠加不能像这样简单地做加法，而是要通过一套名为洛伦兹变换的方程组来进行计算。在低速的情况下，计算结果和简单的加法几乎一样，但是接近光速之时就大不一样了，计算结果竟然是：光速 + 光速 = 光速！很神奇吧，欲知究竟，还得努力学好高深的数理知识才行啊。

这束光有多快呢？

$$\begin{cases} x = \dfrac{x' + vt'}{\sqrt{1 - \frac{v^2}{c^2}}} \\ y = y' \\ z = z' \\ t = \dfrac{t' + \frac{v}{c^2}x'}{\sqrt{1 - \frac{v^2}{c^2}}} \end{cases}$$

速度的叠加是要通过洛伦兹变换来计算的。

我是他的祖父，我死了，我的孙子又从何而来呢？

祖父死了，我还存在吗？

飞得最远的探测器现在在哪里？

1957 年 10 月 4 日，苏联发射了第一颗人造地球卫星，开启了人类探索宇宙的新纪元。从那以后，美国、俄罗斯等国发射了数千颗人造卫星和深空探测器。你知道目前离地球最远的探测器是哪一个吗？

这个冠军当属美国的"旅行者 1 号"。1977 年 9 月 5 日，"旅行者 1 号"太空探测器发射升空。1979 年，"旅行者 1 号"飞抵木星，1980 年飞临土星，实现人类历史上第一次对木星、土星及其卫星的近距离探测，并在这两颗大行星引力作用的帮助下实现加速，开始了奔赴太阳系边际的长途跋涉。

2013 年 9 月 12 日，美国国家航空航天局宣布，"旅行者 1 号"已经飞抵太阳系的边界（按太阳风的影响区域来定义的边界）。如今，这艘飞船距离地球已超过 130 倍日地

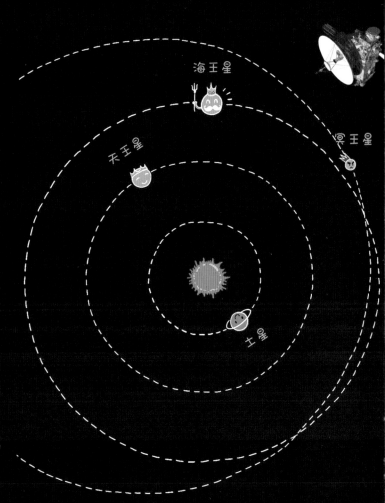

距离。它发出的无线电信号要经过 19 个小时才能被地球上的科学家接收到。由于距离太阳越来越远，它已经无法依靠太阳能电池板供电，而只能依赖于寿命有限的内置电池来工作。预计到 2035 年后，飞船的内部电池将完全耗尽，无法再与地球取得联系，到那时，它就算与我们永别了，你是否会觉得有些伤感呢？

"先驱者 10 号"是人类建造的第一个成功飞越太阳系的飞行器，1972 年 3 月 3 日发射升空。最后一次接收到"先驱者 10 号"的微弱讯号是 2003 年 1 月 22 日。NASA 已经放弃接收"先驱者 10 号"的讯号了。

"旅行者 2 号" 1977 年 8 月 20 日发射升空。它是第一艘造访天王星和海王星的宇宙飞船。

哇！这些前辈都好厉害！

"旅行者 1 号" 1977 年 9 月 5 日发射升空；1979 年飞抵木星；1980 年飞临土星，实现人类历史上第一次对木星、土星及其卫星的近距离探测。2013 年 9 月 12 日，"旅行者 1 号" 已经飞抵太阳系的边界，成为迄今距离地球最远的人造飞行器。

"新视野号" 2006 年 1 月 19 日发射升空，主要任务是探测冥王星及其最大的卫星卡戎（冥卫一）和探测位于柯伊伯带的小行星群。2015 年 7 月 14 日，它在人类历史上第一次成功飞掠冥王星。

"先驱者 11 号" 1973 年 4 月 6 日发射升空。于 1979 年 9 月 1 日最接近土星。探测器的运作于 1995 年 9 月 30 日终止。

"旅行者 1 号" 的金唱片

"旅行者 1 号" 搭载了一张直径约 30 厘米的特制铜质镀金唱片，上面录制了 55 种人类语言的问候语，包括中国的普通话、粤语、闽南话和吴语。唱片中还包含了许多太阳系行星的照片、人类的活动照片，以及各种音乐和名人讲话的录音资料。科学家希望，外星智慧生命未来有一天能够捕获这个探测器，从而在茫茫星海中发现我们。

为什么天马望远镜像口大锅?

接收机前端

天线主反射面

好大呀!

位于上海松江天马山北侧的上海天文台天马望远镜,是亚洲最大的射电望远镜。

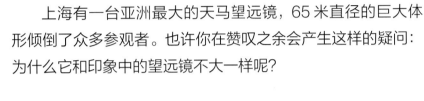

上海有一台亚洲最大的天马望远镜，65米直径的巨大体形倾倒了众多参观者。也许你在赞叹之余会产生这样的疑问：为什么它和印象中的望远镜不大一样呢？

原来，这是一台射电望远镜，它和接收可见光的光学望远镜外观迥异，是专门设计用于接收遥远天体发出的无线电波的设备。射电望远镜实际上就是一面反射面巨大，而且接收机灵敏度特别高的碟形无线电天线，无线电波段的观测特点决定了射电望远镜独特的外形特征。

天体在所有的电磁波段都会发出强度不等的辐射，其中包括无线电波。射电望远镜是除光学望远镜之外另一类十分重要的天文观测工具，迄今获得诺贝尔物理学奖的涉及天文学的项目中，大多是基于射电望远镜的观测成果。射电望远镜的观测信号并不能被我们"看"到，它所接收的只是不同波段的无线电辐射强度，但是科学家对这些信号进行数学处理和分析后，就可以揭示出遥远天体发出的无线电波内含的秘密了。

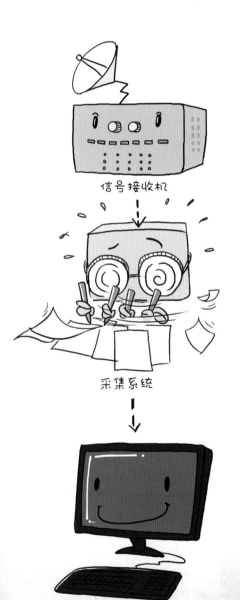

信号接收机

采集系统

计算机分析

射电望远镜有辐射吗？

看到巨大的射电望远镜，想到它的名字中有一个"射"字，很多人就担心它会不会造成辐射危害。事实上，射电望远镜只是一种接收设备，它的得名是因为它的观测对象名为"射电源"——能发出无线电波（天文学上常称为"射电波"）的天体。不仅如此，由于这些天体发出的辐射极其微弱，为了捕捉它们，射电望远镜还要求周边地区严格控制人为的无线电干扰。也就是说，射电望远镜的周围反而是辐射最少的地方，经常连手机信号都收不到。

为什么上海天文馆不建在山上？

上海要建天文馆的消息令人兴奋，但当媒体报道说天文馆将要落户临港海边的时候，有很多市民在网络上表达了疑惑，天文馆为什么不建在山上？上海灯光污染这么严重，建天文馆有什么意义？

这些问题其实反映出不少人混淆了天文台和天文馆这两个概念。事实上，它们是两个功能定位完全不同的机构。天文台是科学研究机构，为了得到更好的观测效果，的确需要尽可能避开或减小城市灯光和地球大气层的影响，这就是天文台通常建在山上的主因。而天文馆则是科学传播机构，目标是传播科学知识和思维方法，它所展现的星空是模拟出来的，因此优良的观测地并非必要条件。

天文馆更需要重视的是市民前来参观是否方便，所以天文馆通常会选址在人口密集区或风景旅游区。上海天文馆选址在临港新城滴水湖边，主要是基于上海市政府开发建设临港新城的战略规划，那里很快将成为上海又一个重要的城区和旅游区，因此需要配置更多的科学和文化场馆。

有趣的是，临港新城靠近海边，却使得天文馆意外获得了一个不错的观测地点，不仅可以进行模拟星空演示，也可以直接开展真实的星空观测活动。让我们相约上海天文馆，一起去数星星吧！

Hi！我是天文馆，我负责科普天文知识。

我是天文台，我主要负责天文科学研究。

佘山的天文台

　　佘山高仅百米，却已是上海最高的山，天文学家无奈只能选择佘山之巅建设观测台站。可惜最近 20 年来，快速发展的城市灯光使得这里的观测条件急剧恶化。上海天文台被迫放弃了传统的光学天文观测，而着力于发展不受灯光影响的射电天文学。图为上海天文台佘山观测基地，如今部分场所已经转变为天文科普教育基地。

上海天文馆项目建设历经了几代领导人和科学家的不懈努力和推动。2010年7月，中国科学院上海天文台的叶叔华院士再次向时任上海市委书记俞正声进言建设上海天文馆。此建议受到了上海市政府的高度重视，上海天文馆（上海科技馆分馆）于2014年1月29日获得上海市发改委立项批复，上海科技馆负责全面建设和运营管理，中国科学院上海天文台提供专业技术支持。

上海天文馆选址于上海市浦东新区临港新城，位于临港大道和环湖西三路交界处，总规划用地面积5.86万平方米，总建筑面积为3.8万平方米，预期建成后将成为世界上最大的天文馆之一。

上海天文馆以"塑造完整世界观，提高公众科学素养"为愿景，以"激发人们的好奇心，鼓励人们感受星空，理解宇宙，思索未来"为使命，融收藏展示、科普教育、观测研究、旅游休闲于一体，将建设为具有鲜明时代特色的国际一流天文馆。

上海天文馆主展区分为"家园"、"宇宙"、"征程"三大主题，运用众多高科技展示技术，营造沉浸式宇宙漫游的氛围，分别展现太阳系和银河系的全景，宇宙结构和天体演化，以及人类探索宇宙和奔向太空的伟大历程。上海天文馆还将建设直径23米的多功能球幕影院、直径18米的光学天象厅、独创的敞开式多通道太阳望远镜、1米级天文望远镜等大型天文观测和天象演示设备。游客不仅可以欣赏都市中已经难得一见的灿烂星空，还可以通过天文望远镜来实际观测太阳和众多星体。

上海天文馆
（上海科技馆分馆）简介

图书在版编目（CIP）数据

天问 I /《天问》编写组编著 . —上海：上海科技教育出版社，2016.7（2021.3 重印）
（上海科技馆·天文探秘丛书）
ISBN 978-7-5428-6405-5

I. ①天… II. ①天… III. ①天文学—普及读物 IV. ① P1-49

中国版本图书馆 CIP 数据核字（2016）第 076665 号

责任编辑　王乔琦　殷晓岚
封面设计　沈　颖
版式设计　李梦雪

上海科技馆·天文探秘丛书

天问 I
《天问》编写组　编著

出版发行　上海科技教育出版社有限公司
　　　　　（上海市柳州路 218 号　邮政编码 200235）
网　　址　www.sste.com　www.ewen.co
经　　销　各地新华书店
印　　刷　三河市同力彩印有限公司
开　　本　889×1194　1/16
印　　张　8
版　　次　2016 年 7 月第 1 版
印　　次　2021 年 3 月第 2 次印刷
书　　号　ISBN 978-7-5428-6405-5/N·975
定　　价　58.00 元